主張する植物

塚本正司

八坂書房

はじめに

自然界において動物は、食物連鎖の下層に植物を従えて高等生物としての地位に君臨し、中でも人類は霊長類の最上位、万物の霊長を自認している。確かに人間は、狩猟・採集生活から定住の農耕・牧畜生活、さまざまな技術を駆使するモノの生産と消費、交易の拡大や宗教の伝播などを果しつつ、おおいに人口を増加させてきた。そして知識の集積や発明・発見、村や街や都市の形成、文化・文明の興隆に加えて、ついに宇宙の一部にまで到達した。他の生物とは違って人間は、道具や資源を巧みに駆使し言語や文字を操って歴史を歩んできたゆえに、この地上においていちばん賢く偉い存在であると自認し、自らの尊厳だとするのも当然の自負ともいえる。

いっぽう植物は、この地球上における動物に先んじる起源や進化があり、海から陸に進出して土と水と光と空気（炭酸ガス）を生存基盤として、太古から生き続けてきた。私たちは、植物はもの言わず動じずでただひたすら生きているように見るが、植物は植物なりの多様性や個性があり社会を営んでいる。その生き様はしたたかであり、彼らの社会はけっこう統制や調和が計られており、その生態における方式や規律にはたいへん勝れた側面を見出すことができる。光合成という仕組みと働きひとつをとってみても、それは地上の根源物質を元とする究極の生産性だ。

また彼らには知られざる感覚があって、動物でいうところの五感に相当するような視聴覚や臭覚・触覚の知覚を、それなりに備えていることはあまり認識されていない。さらに、知性や感性とも言いうるような能力を持った存在であることを知ると、果して植物は下等なものであり、動物によってただ利用されるだけの存在なのだろうかという思いが湧きおこる。

これらの植物像をもう一度よく観てみよう、あるいは彼らの言い分を聞いてみよう、というのが本書の立場である。植物の言い分を聞いて受けとめるなどということは、まるで戯言《ざれごと》のようにみえるかも知れない。しかし彼らのさまざまな実態を知れば知るほど、植物はただ単に植物ではなく、たいへん賢く主張をもった存在にみえてくるのである。

私たちは、つい彼らをたかが植物と下等な地位に見下し、さんざんに利用するばかりか身近な草木を、例えば雑草・雑木などと呼んで不当な立場におとしめる。そうした私たち自身は果してそれほど尊大になれるかと思えば、実際のところはモノの生産や消費、主義や思想、宗教や偏見、犯罪や戦争などの、さまざまな矛盾を抱え込んだ存在だ。そうした人間社会とその歴史を振りかえる時、人間の方がよほど愚かなのではないかと思わざるをえないほどである。

人間は自然を地球規模で踏みにじってきて、いま地球環境問題への取り組みが急がれている。自然のかけがえのなさの認識や私たち自身のあり方、生物との共生の方法が議論されている。進化論的・生態論的に振りかえるまでもなく、人間自らが拠ってたち回帰する先は自然をおいてほかはないはずである。いま改めて自然というものを、根本から捉え直してみる必要があるのではないだろうか。その際には、私たちはもっと謙虚に、植物の賢さに学ぶべきではないかという思いに至る。そのようにして草木を始め森や山に接したり見つめたりすると、植物の世界には教えられることが少なくないと実感する。

本書は、以上の視点と立場にたった観察の物語であり、植物自身の懸念や言い分の代弁である。全体を通して、植物やその環境に比較した私たちのモノとココロ、生命観と自然観のあり方を問題にしている。研究の成果公表や取材の結果報告ではなく、多くの文献に支えられて綴ったものであるが、そのさまざまな知識・知見を統合した論考の一つとして受けとめていただければ幸いである。

目次

目次

III 植物はなぜ主張するのか

Ⅳ　植物はなにを主張しているか　環境原告としての彼らを受けとめよう　203

環境主役としての彼らを知ろう

I 植物はどのように語っているか

草木をはじめ植物たちの生態を観ていると、彼らが何かを語りかけているように私には思える。だいいち彼らはとても個性豊かで、花にいたってはとても美しい。また生命力も旺盛で、そのこと自体が彼らの自己主張のようでもある。彼らは創造的で戦略的であり、独自の感覚や知性、そして感情さえも持っているように思える。さてそんな彼らは、いったい何をどのように語っているのかを探っていきたい。

1 創造する植物

★多様な個性

草木との対面

植物たちの世界に立ち入っていこうと思う。美しい草花の話も捨てがたいけれども、まずは草木との対面を、野山や公園で新緑や紅葉を彩る樹木からとしたい。その前に草と木の違いであるが、草は地上部の茎などが柔らかくて背も低く、冬には枯れるものだと普通には思う。それに対して木は、幹や枝が硬くて背が高く、冬にも枯れないものと認識する。ところが、これに当てはまらないササなどがあるからそうともいえない。植物学的には草は、冬眠する冬芽を作らないもの（一年草）か、作ってもそれが地中にあるもの（多年草）であり、木は冬芽を地上部の枝や幹に作るものという点で区分される。これによってササもタケも草ではなく木となるし、花がよく似ていてもシャクヤクは草であり、ボタンは木として明確に区分されている。ただしタケにおけるタケノコは、地上ではなく地中の冬芽が春になって大きくなったものだから例外となる。

さて、マツやツツジやタケならば見てすぐにその名前を思い起こす。子供の頃から繰り返し身近に見てきたからだろうか。その姿・形が独特だからだろうか。たぶんその両方からなのだろう。しかしたいていの樹木は、緑の葉をつけていると「木を見て森を見ず」ならぬ「緑が見えて木は見えず」となって、みんな同じように見えてしまう。樹木それぞれの見分け方は専門的には、花や葉や木肌や樹形などによるとされるが、花のない時期や緑一色の林の中ではそれもなかなか容易ではない。とはいえ、樹木それぞれが個別種たる表現は特にその葉っぱにあり、見分け方の一番確かで基本的な方法は、葉の形や鋸歯《きょし》の有無、単葉か複葉か、対生か互生か輪生かなどといった、葉の形質とその付き方を観ることとされる。

植物にとって陽光と水分は生長し生きていくために絶対的に必要なものであるから、その居場所ごとの環境に応じてどうして受光し、どう蒸散するかの点から葉っぱはできている。同時に彼らは、気候条件にも対応していかなければならない。広葉樹は陽光の多い地域でいかに多く受光するかということから大きな葉を、針葉樹は寒い地域で葉からの水分の蒸散を抑え、雪や霧氷が張りついた際に耐えられるようにあのような葉をつくる。常緑樹は年間を通して陽光が得られる気候のもとにいて、冬に光合成を続けることが可能で効率もあがる。いっぽう落葉樹は冬に頑張っても効率が悪い地域に棲むから、葉を落として無駄な活動を止める。

針葉樹が常緑であるのはこれらとは意味が違っていて、低緯度地域や高山帯にあってはそもそも光合成に適する日が少なく、いちいち冬に葉を落とし春に新葉をつけていたのでは割に合わないためだ。中にはカラマツやメタセコイアのように紅葉し落葉する針葉樹もあるが、それはこの点でより環境条件のよい地域に棲むからであって、なにも針葉樹の仲間うちでの変わり者というわけではない。

このように、気候や環境条件に合わせて植物の葉は進化したから形状はじつに多様だ。同じ樹でも葉っぱの大きさや形は同じとは限らない。枝を強く剪定されたケヤキなどでは、水分や栄養分の循環や生成のバランスを取り戻すためにより大きな葉をつけて頑張る。カクレミノの葉は幼樹の間は三〜五裂の深い切れ込みがあるが、生長とともに切れ込みが少なくなって全縁となり、かつ一株の中にそれらが混在するような変異の多さである。遺伝子植物学において基本モデル植物とされているシロイヌナズナの葉では、通常の野生型の基本形に対して、葉の形が狭くなるものや短くなるもの、あるいは狭くかつ短くなるものといった変種がある。そうなる必要性は環境への対応であるが、それぞれが細胞の形や大きさや数にも左右されており、それは遺伝子によって決定されているとされる。

樹木にあっては、樹種が違うごとに一定の位置関係により幹に枝がつき、その伸びる角度や生長量が決まっていて全体の樹形が形作られる。一本の木でも上の方のみで受光を受け持つだけではなく、下の方にも届いて受けられるように葉のつき方がまばらになるなど、さまざまなパターンに配置されていて、これも樹形を決める要素だ。自らの光合成にとって大事なのは光の色調のうち赤や緑の色光であるが、遠赤色光の割合が多ければ隣や上の葉にすでに奪われていることになるので、それを計りつつ少しでも有利な方向へと枝は生長し、葉も展開する。

樹木が混在する森林では、その構造が複雑になるにしたがって葉量が増大するが、その全体量がまだ少ない段階においては、葉量の増加に比例して光合成生産量の増加がもたらされる。しかし葉量が多すぎる状態になると、ひとつひとつの葉の光合成能力は低下するので、結局、森の全体葉量が無制限に増加するようなことにはならない。高木樹のように林冠にあって光を独占しようとする木もあれば、その下で木漏れ陽を受けて生きる低木樹がある。あるいは、光がそれほど当らなくても育つツゲやヤツデなどの陰樹とされる種類もある。同じ場所においても、このように光に対して空間的に棲み分けている。勝った負けたといった人間の階級・階層社会とは異なる空間的・時間的な棲み分け社会だ。

樹木は、枝が折れたり切られたりすることに対しても、実にすばらしい仕組みを携えている。腋芽《えきが》（脇芽）というのは、普段はホルモンによって生長が抑制されている脇役だが、先端の頂芽《ちょうが》や枝が傷つくと、抑制が解除されて生長を始めて代役を果す。植物の五つほどの生体ホルモンのうちのオーキシンは生長を司るが、頂芽に対して作用する間は腋芽に対して生長を抑制する働きをするのである。こんなところにも、大量生産・大量消費する人間活動とは異なる、別の意味での効率性が見られる。

人の手による樹木の剪定は、これらのことを踏まえて行なう必要があり、それを間違えればその木の生長に影響するどころか樹勢を弱らせ、時として枯死させてしまう。

樹木の生き方は地域との関係も密接だ。カエデやブナなどの落葉広葉樹は、四季のある日本や中国北部、北アメリカ東部、中部ヨーロッパなどで、夏に緑林であり冬には落葉する夏緑林を形成する。しかしタイやマレーシアなどのような熱帯においては、乾季に葉を落して乾燥に耐え、雨季には緑林を形成する雨緑林となる。そうした樹林の主な樹種にチークやサラソウジュがあるが、その生態・生理から樹木がいかに温度および湿度の気候条件とともにあるかを知らされる。

日本の植生群落体系の重鎮で『日本植生誌』（全一〇巻、編著、至文堂）の大著があり、環境保全林や災害防止林づくりの実践者でもある宮脇 昭博士は、それぞれの気候風土と土壌のもとで、各地域には本来的に育ち繁茂する植生があるとしている。そうした潜在自然植生を前提にすると、北海道と東北の一部を除く日本列島は、シイ類とカシ類とタブノキが本来の植生であり、現状とは違ってくるということだ。

タブノキは、シイ類やカシ類とともに常緑の照葉樹林の代表的な構成樹である。伊豆半島や伊豆大島の群落を始めとして、日本海側でも山陰から北陸地域に分布し、最北は山形県酒田市の飛島だという。能登半島の羽咋市北大社の「いらずの森」にあるその巨木を含め、各地の社寺林にも多いことでも知られ、三〇〇年以上も前の造営である浜離宮公園も主たる樹木はタブノキである。

モミジやブナの新緑は大変美しく、また紅葉には誰しもが独特の感慨を抱く。緑葉の色はクロロフィル、紅葉はアントシアニン、黄葉はカロチロイドによる。中国および東南アジアに多く、北半球のほとんどの地域に分布するカエデ類の紅葉は殊更だ。カエデ（楓）とはカエデ科（APG植物分類体系ではムクロジ科）カエデ属の木の総称で、トウカエデ・ヒトツバカエデ・ハウチワカエデ・イタヤカエデ・トネリコバノカエデ（ネグンドカエデ）・アメリカハナノキ（ルブラカエデ、アカカエデ、ベニカエデ）・ウリハダカエデ・サトウカエデ・ヤマモミジ・イロハモミジがある。カエデ科は落葉樹だが中に唯一常緑のクスノハカエデがあって、日本では沖縄に生える。カエデは園芸品種も多く、観葉植物として徳川時代から愛された。住まいの近くのトウカエデの街路樹並木は、一一月の上旬に梢から全体へと次第に黄色くなり、次に上から徐々に赤橙色になって、その丸く逆立った樹冠が燃えるように見えてみごとだ。

わが国でもっとも一般的に見かけるものはイロハモミジで、本州中部以南の山野に普通に自生するほかに、庭木用などのために古くから栽培も行われてきた。葉が緑色から赤に紅葉するもの、新葉の当初から紫色に近い葉を持ったものなどの品種がある。花は小さくて花弁が目立たず、果実は二つの種子が密着した形で翼状の部分をつけている。竹とんぼのように風に乗って飛び、回って落ちて発芽し生長する。このイロハモミジやヤマモミジやハウチハカエデは、春を迎えた時にいくら陽光が十分でも、前年の秋以降に形成された冬芽の中に用意されている枝葉しか生長しない。そうした性質から陽がよく当たる所に植え替えても直ちに生長するとは限らず、期待できるのはその翌年ということになる。

花の美しさ

樹木のことはとりあえずこれくらいにして、引き続きの対面相手は花だ。花は美しく色とりどりだが、季節を代表する色がそれぞれあることからみてみよう。春は、草花ではフクジュソウ・タンポポ・ノゲシなど、花木ではロウバイ・マンサク・サンシュユ・キブシ・レンギョウ・ヤマブキなどの黄色だ。夏はウツギやミズキやナツツバキの白色、秋は七草のうち五つが該当する青紫・赤紫色だ。それは、まだ葉の出ない春の枯木の中や、夏の旺盛な緑陰の中や、秋の紅葉の中において、その花色が昆虫や鳥の視覚にとって見出されやすいためだとされる。

春に咲くひとつの属、例えば四百種にもおよぶスミレにおいて紫色も黄色も白色もあることについては、彼らが昆虫や鳥相手の虫媒花ではないという言い訳がつく。スミレは花の構造や花粉の性状からすれば虫媒花のようにみえるが、進化の過程で虫たちの媒介による受粉をあてにしない自花受粉をするようになった。開花する花は結実せず、自花受粉が確実な閉鎖花の方でもっぱら結実し子孫を残す。開花しないままで種子をつくることから植物界の処女懐胎とでも言いたくなるが、実は閉鎖花であってもおしべとめしべが備わっている両生具有の受粉なのである。

季節それぞれの花であるが、長くて日持ちのよい花もあれば、咲いてもすぐにしぼんでしまう一日花もある。ムクゲ・フヨウ・ノカンゾウ・ニッコウキスゲ・シャガ・ウツギ・ナツツバキ・ハイビスカスなどは日中に咲き夕方にしぼむ。ユウスゲ・月下美人・マツヨイグサ・カラスウリなどは夜になって咲き明け方にはしぼむ。まだつぼみだと思っているといつの間にか咲いており、咲いたのを見かけても忙しくしぼむはかなさである。ムクゲは七月頃から一〇月半ばまで咲くから、枝振りのよい木では何百個と咲くことになる。

朝顔・昼顔・夕顔とは言うけれども、アサガオはヒルガオ科の花であって、夜明け前に花を開き昼近くにしぼむのはおなじみだ。つるの先端は首振り運動をして左上へと回り込みながら、支柱となるものに巻きついて生長していく。アサガオほど多彩な色と模様をかもし出し、作り育てる者にもどんなふうにそれが表出するかが予測できない花はあまりないとされる。江戸時代末期から明治時代の半ばにかけて、庶民はその妙に面白味を見出し交配による自分の作品を競いあった。

ヒルガオは夏に道端などで薄いピンク色の花を咲かせるが、地下茎で増え観賞用に栽培されることがなくて雑草扱いだ。硫黄島の砂浜一面に咲き、太平洋戦争時の銃器などの残骸を覆い隠しているというのがグンバイ（軍配）ヒルガオである。そうした種子が海流によって日本列島南岸に流れ着くことがあって、温暖化のせいか発芽・越冬や開花や結実することが増えているとされる。

ユウガオというのはかんぴょうを採るウリ科の植物で、いわゆるアサガオの仲間ではない。アサガオに似た園芸種にヨルガオというものもあり、これはやはりヒルガオ科で明治時代に渡来したもので、その別名や俗称としてユウガオともいうからややこしい。

花のように見えても萼《がく》・苞《ほう》・葉が花弁以上に色彩を持った植物もある。ブーゲンビリアは小さな花を大きく派手な色の包葉が取り囲んで、一つの魅力的な花のように見せかけている。八重桜は、一重の花のおしべが突然変異して多数の花びらとなったものだそうだ。

ひとつの花の中におしべとめしべを持つ両性花と、おしべ・めしべのそれぞれしか持たない雄花・雌花の単性花がある。その単性花の両方を同じ植物個体につかせるものを雌雄同株、別となるものを雌雄異株とする。前者はマツやガマの仲間、後者はイチョウやソテツなどがある。単性花（とくに雌雄異株）は近親婚を避けるためであるが、両性花でも雌花がよそからの花粉を受ける時には自ら飛ばさず、受精の日時が過ぎてから雄花が花粉を外に飛ばすホオノキのような例がある。いっぽうでカキやイロハモミジは、単性花と両性花との両方をつかせて受粉のぬかりがないようにしている。かと思えば、キンモクセイは日本ではほとんどが雄花の株ばかりなので、その実にはまずお目にかかれない。

言うまでもなく草木の花の生殖は、おしべとめしべとの間で花粉の交配によってなされる。花粉の移動には昆虫・鳥類による虫媒・鳥媒、風に乗って飛ぶ風媒などの他に、一つの花の中で行なわれる単為生殖としての自家受粉がある。花粉の中には、虫の体にくっつきやすいように細かい棘があるものや、粘着性をもつものさえある。当然、風によって飛びやすいように細かくて軽いものがある。

マツ、イチョウ、ソテツなど、ほとんどの裸子植物は花粉（花粉と呼ぶことには異論もある）が風で運ばれる風媒花であるのに対して、被子植物は進化の過程で昆虫を相手とする虫媒花が主流となった。その花粉媒介では昼と夜の時間差、赤や白の花色、花蜜や匂いなどの組み合わせによって、ひとつの花種はたいていはひとつの花粉搬送者がいる。蛾によって受粉する花は、夜によく見えるようにたいていは白く、ハエに対しては赤茶けたくすんだ色花が相手となる。ハチの仲間は、ヒトの目には見分けられない紫外線の部分（波長）を識別していることが分かってきており、私たちには見えない模様が虫たちには見えている可能性があるという。

多くの花は甘蜜を出す腺細胞を花びらの基部にもっており、虫たちをそこへ引きつけて体に花粉をくっつけ運んでもらう。花蜜のある部分は、例えばヒナゲシのように強いコントラスト色であったり、線や溝で導くように仕立てられたりしている。ホトケノザ（シソ科。春の七草のコオニタビラコの通称とは別種）の花には、昆虫の着陸場所と奥の花蜜の場所への線状のガイドラインがある。虫がきて狭いそこを進むとおしべがさがって背中に花粉をつけて運ばせ、こない場合にはおしべ自らが垂れたりしてめしべに触れ自家受粉を行なう。このホトケノザにも自家受粉専用の閉鎖花が一部ある。

直径が二メートルにもなるオオオニバスの上に人が乗ることができるかについて、最近のアマゾンの自生地での実験では、子供の一人二人どころか大人でも静かにゆっくり乗れば、破れもせず沈みもしないことが確かめられたという。このハスの花は開花の一日目は丸く白い花だが、昆虫がやって来ると花弁を閉めて閉じ込めてしまう。しばらくするとまた開いて昆虫を開放するが、なんとその頃には花は赤くなる。花粉をつけた昆虫が、赤ではなく別の白い花の所に行って、送紛者の役目をしっかり果たすように識別に注意喚起していることになるのである。

このように花の美しさや多様さは、なにも人間の観賞のためにそうなっているわけではなく、生殖して子孫を残していくための巧妙な仕組みからだ。花の色や香りや姿は、それぞれ特定の昆虫や鳥を誘引するために彼らの多様さにも対応している。不死をもたらす神々の飲み物を意味するネクター、つまり花蜜は、甘くて栄養があり香りも強く遠くの動物を誘引する。花蜜の物質は、生殖自体を左右するものではないからいわば送粉者へのごほうびかお土産なのだ。虫たちは花の色香に惑わされるばかりか、蜜に夢中になって自分がやらされることには気がつかない。

植物は生産者であり、動物は食物連鎖のもっぱら消費者だけれども、植物は花の蜜や果実を用意して動物のその行動を利用し、花粉や種子の伝播をなさしめて繁殖範囲の拡大を図る。動物は奉仕者であり、それを怠れば植物から仕返しをされるかのような場合もある。ひょっとしたら人間も彼らに利用されているかも知れないが、発展・共進化の結果であるこうした相補関係をみても、いっぽうが高等だとか片方だけが知恵深いとかとはいえないことが明白ではないだろうか。

花芽の形成は、昼の長短に左右される長日植物と、短日植物および日長とは関係しない中性植物があるが、光や闇の状況によって葉で生成されるホルモンによると推定されている。花が咲く仕組みにはまだ分からないことが多いようだが、三つの段階に分けて考えられている。第一は花芽の分化で、それまで葉が形成（栄養生長）されていたのが、花芽の形成（生殖生長）に転換する過程である。次は、花芽が蕾となって発達した花に生長する過程で、おしべやめしべが成熟し花弁の色などが現れてくる。最後はやはりホルモンの作用による開花である。

被子植物の花における受精の仕組みは、電子顕微鏡による分子生物学的な最近の研究によって、目に見えるかたちで解明されてきている。まずおしべの花粉がめしべの柱頭につくと、花粉から管が伸び始めてめしべの花柱の中を進んでいく。この花粉管は迷うことなくまっすぐに、とはいえ受精のための成熟をしつつ、種子の元である胚珠を守る子房に向っていく。子房に入るとさらに胚珠に向かい、その中にある胚嚢《はいのう》の固有誘因物質に誘導されて胚嚢に達する。そこには助細胞や反足細胞とともに一つずつの卵細胞と中央細胞があり、花粉管は二つの精細胞を放出して、受精した卵細胞が子孫となる胚となり、中央細胞はその養分となる胚乳になる。

その結果としてできた実や種子の伝播は、動物の食餌による運搬、風による拡散、自らタネを飛ばす、落下するなどによる。これらは、いかに親から遠くに離れ広く分布するかを目的としているのだ。地球における人間の拡散分布は人類史を彩るドラマであったが、草木はそうした人間も利用して世界中に伝播・拡散し、例えば、北米原産のスズメノカタビラは南極の昭和基地にまで遠征した。このように花との対面や対話はエピソードが尽きない。

特異な個性

ニホンタンポポは、エゾやカントウやカンサイなどの地名がつくほどに地域差異があって、花の形もさまざまで白花もある。一つの花のように見えるが、花びらのように見える小さな一〇〇〜二〇〇のそれぞれが、おしべとめしべを持つ一つひとつの花であることはよく知られている。面白いことに、先に咲いた花は受粉すると茎ごといったん寝そべってしまう。それは弱ったためではなく、独自の植物ホルモンによることが分かっているが、理由については踏まれてもよいようにとか、まだ咲いている最中の花を昆虫に目だたせるためとかいわれるもののよく分かっていない。実が熟すと、生長が早く中が空洞である花茎を開花中の茎よりも一段と高く伸ばし、より風を受けるようにして種子を遠くへ拡散する。

ニホンタンポポは、他の花と同様におしべ・めしべによる花粉交配だから群生の集団主義である。一方セイヨウタンポポは、単為生殖ができて単体でも生育可能な個人主義だ。日本人の集団主義的性向と西洋人の個人主義とを比較する思いである。この外来種のセイヨウタンポポが、在来種のニホンタンポポを追いやったと単純に言うのは間違いである。むしろセイヨウタンポポのこうした性質のためであり、都会のちょっとした空地でもひとりで生育できるからだ。そもそもニホンタンポポが追われたのは、さかんに開拓や開発を行なった私たち人間のせいだと、彼らは言っているのではないだろうか。

風媒のススキの花は、咲くと穂がアンテナのように四方に広がり、風を受けやすくなって花粉を運ばせるとともに、他の花粉をキャッチする。花が終わると穂を閉じるが、種子が熟すと再び開いてまた風に種子を運ばせるという巧みさである。人間が用いる電波アンテナには、こんな器用なものはないだろう。都会の道端にも自生し増殖しているタカサゴユリは、花が終わって実が熟すとそのサヤの先端が開き、ウロコのような小さくて軽い種子をそこから飛ばす。そのサヤには三カ所の縦割れの部分があってネット状になっており、風が入ってより種子が飛ぶようになっている。

フジは茎を棚や他の植物などに巻きつけて立ち上がっていくが、幹元に発し地面を這っていく匍匐《ほふく》枝《し》もある。一日で七〜一一センチメートルも伸び、一本の幹から発した複数のそれらの総延長がなんと三七〇メートルとなった観測例もあるという。こうして茎を大地に這わせたり木に絡みついたりして生長するツル性の植物は、株元から横へ茎が這うと節を形成し、そこから地面に根を下ろす。それを拠点にして、さらに横へあるいは上へと茎を伸ばすからいわば網のようになっており、その一部を切られても全体としてはまったく動じない。フジに限らずスイカやカボチャ、ツタや一部のローズマリーなどの匍匐性の植物は、こうして地面を占領しようとするから他の生物にとっては侵略者のような振る舞いとなる。

秋の七草の一つであるクズは、東アジアから東南アジアそして日本各地に分布するツル植物である。ツルが途中で根を下ろし、あるいはツルどうしが絡まりあいながらどんどん伸びて、盛夏には茎が一日一メートルも伸びるほどだ。マメ科植物であることから痩せ地でも生育でき、茎を刈り取っても残った株から再生する。種子は短期発芽と長期休眠発芽の二タイプがあって、後者は森林の伐採や破壊を待つようにして繁茂するという周到さだ。八月の終わり頃から九月にかけて葉群の下に房状の美しい花を咲かせ、大量のデンプンが貯蔵される根からは葛粉が採れる。牛馬の飼料ともなり、茎の繊維からは葛布も織られるというほどに、かつては利用価値が高かった。

しかしこのように逞しいクズの大きな葉によって、一面に覆われてしまうその下の植物は悲劇である。陽の光を奪われていずれは枯死するしかない。私の居住地近くには、長らくの間にシャリンバイが大きく育った広い斜面植栽地があるが、ある年より急激にクズに襲われ二、三年ですっかり覆われてしまった。クズは一度刈り取られたが、その際にシャリンバイの方も強剪定をしたために、翌年からはすけた地面にエノコログサまで生えだして、当然に居心地がよくなったクズはいっそう勢いを増した。もうこうなったらその緑化斜面は、シャリンバイが良くてクズが悪いなどとは言っておれない。クズを退治しようにもツルをロープにしたり、根こそぎ掘って葛餅や葛湯にしたりするようなことは、今はまずなされないからその生命力に感嘆して放置するしかない。

インドのカルカッタ植物園には、一本の木の枝から次々に気根が地面に下りて全体が幅五〇〇メートルにもおよび、森林状になったベンガルボダイジュの樹（バンヤンの樹）がある。また無性生殖で繁殖するニレは吸着根がそのまま残り繋がっているから、ニレの森は全体が一つの個体であると言えなくはないともされる。

オーストラリアのヤンガバラ付近の熱帯雨林には、イチジクの一種である「しめ殺しの木」と呼ばれる奇妙な樹木（フィグ、fig）がある。この木の実を食べた鳥やコウモリによって運ばれたタネが高木の上方の梢で着生すると、気根状の根（枝）をどんどん下方に伸ばし地面に達する。それが一本ではなくて、寄生する木の幹周りを何本かが取り囲むように下りて、養分を吸い取りながら太く生長しかつ癒合をおこすので、しまいには元の木が絞め殺されるようになって枯れてしまう。一五〇年ほど経ったものでは、枯死して無くなった宿主の木の部分が空洞になってしまっている。あるいは、その宿主の木が隣の木に倒れかかり、寄生する方がカーテンのような状態となったカーテン・フィグ・ツリーと呼ばれるものまであって、観光の対象になっている。この他にアンコールワット遺跡を覆っていたフィクス（ficus）や、石垣島や西表島などのガジュマルやアコウも同類だ。

聖書にはブドウが約一〇〇回、ムギが約六〇回、オリーブが四〇回、ザクロが二六回登場するという。五二回登場するイチジクは、世界中に約八〇〇種もある西アジア原産の落葉小高木である。漢字で無花果と書くように、花が咲かずに実がなるようにみられている。しかし、日本などの温帯で食用とする自花受精結実を例外として、多くのイチジクの仲間（クワ科イチジク属）では、実になる前にその果嚢《かのう》の中でちゃんと花が咲く。花につきものの昆虫の送粉者はイチジクコバチで、その両者の共生の仕組みは実に巧くできている。

果嚢の頂部には小さな穴があいており、雌のコバチはそこから中に入る。この段階では雌花だけが成熟しており、めしべの子房は受精可能になっているもののおしべにはまだ花粉ができていない。コバチは雌花の柱頭から産卵管を差し込み、子房の中の胚珠《はいしゅ》に産卵し、産卵後にコバチはその柱頭に花粉をこすりつける。外から持参した花粉を、腹の花粉ポケットより取り出して意識的につけるのだ。その際には、雌花の花柱に長いものと短いものがあるうちの、長い方に産卵しようとしても産卵管の先端が子房にまで届かず、コバチによって花粉だけがつけられて種子ができることになる。短いめしべの方の産卵された子房は虫こぶになり、その中でコバチは孵化《ふか》し、幼虫は受精した胚珠を食べて成長する。

もし、コバチがあまりにも多く産卵すると果嚢が枯れてしまったり、花粉をきちんと持たらさず受粉に助力しなかった場合には、幼虫にとって必要な胚珠の栄養分が不足したりして、コバチはイチジクから報復を受ける。孵化してから一カ月余りでコバチは成虫になり、雄と雌が果嚢の中で交尾する。その頃には成熟している雄花の花粉をポケットに詰めて、雄の開けた穴から雌が飛び出し、別の受粉可能な果嚢を探す。雄のコバチの方は目も羽も持たず、この後すぐに果嚢の中で哀れな短い一生を終える。よく「人間と植物との共生」というようなことを見聞きするが、このような共生関係を知ると果して人間の方に、イチジクコバチのような覚悟はできているか、と植物は問うてくるだろう。

★偉大な生命力

仕組みや働き

植物は一定の気温の範囲において、土と水と光と空気（二酸化炭素）という原初的な自然元素に頼って光合成をしつつ生きる。養分は土に求め、あるいは自ら朽ちて成分化し、また取り込んで利用するという仕組みのもとに、悠久を生きてきた。土は、藻類などの水生植物にとっては不要だが、ここでは主として陸上植物を対象として必須の要素としておく。

約四億年前に繁茂した巨大な木性シダ類や三億年前に現れた仮道管《かどうかん》の裸子植物に続いて、一億数千年前から道管を持つ被子植物へと進化した。道管は水が根から吸い上げられて流れるとともに、軸強度を受け持つ管であり、仮道管は隔壁に穿孔《せんこう》がなく一本の管をなさない。根から吸収した水に溶け込んださまざまな無機栄養類が道管を通って地上部に運ばれ、葉からは光合成産物の栄養分が、細長い細胞が縦につながる篩管《しかん》を通り、枝葉などの若い組織や根などに行く、維管束とよばれる組織を発達させたのである。

植物が傷つくと分泌されるものは主として道管液であり、これに篩管液が混ざったものであって、例えばヘチマ水は大半が道管液だ。またゴムノキやイチジク、ウルシやケシ、ノゲシやタンポポなどは乳管を発達させており乳液が溜まっている。傷ついて道管・師管・乳管または樹脂道が切断されると、そうした乳液や樹脂が沁み出して、成分が重なり二次的変化を起こして乾燥しヤニともなる。

根から吸収され葉に送られた水は、その一部が光合成反応で消費され酸素を発生してなくなるものの、大部分は気孔からの蒸散によって大気中に放出される。その仕組みによって根から無機養分が上部へ転流されるとともに、葉の温度調節をしているのである。裸子植物である針葉樹は、大量の水を葉に供給する仕組みになっておらず、葉も水分蒸散量の少ない形をしている。被子植物である落葉広葉樹は、道管を持ち多くの水の供給が保証されるので、逆に大きな葉あるいは大量の葉を保持することができる。ところが常緑広葉樹は、道管を持っていても細く数も少ないのでそれへの依存率が低く、仮道管が通水の主役であることが多く、水分蒸散量の少ない葉を持つことで調和をとっている。

落葉広葉樹のナラは新緑をつけ落葉するまでの間に、温暖湿潤な土地では成木一本につき自らの重量の二二五倍にあたる一〇〇トンほどの水量を蒸散するという。カエデは同じく四五五倍にあたるほどを、ブナは一ヘクタールあたり毎日三五〇〇～五〇〇〇トンをも蒸散する。逆に、地中海気候のような乾燥性の地域のゲッケイジュは肉厚で蠟質の、オリーブは堅く厚く綿毛で保護されたフェルト状の表皮をもち、ローズマリーが丸まった形の葉である。

強すぎない適度な陽光と高い湿度の場合には、葉は安心して気孔を開いて二酸化酸素を取り込み光合成に励む。過度な光や乾燥した空気のもとでは、水分の蒸散量も多くなり過ぎるので植物にとっては悩みとなる。夜になっての夜露や湿気の多い天気となれば、朝から気孔を開いて光合成とともに失われる蒸散水分の補給となって恵みとなる。

光合成は、葉緑体を持つ植物細胞において日光を得るとともに、まわりの空気または水から炭酸ガスを取り込み、それを有機物に変える炭酸同化作用である。葉緑体の光合成色素であるクロロフィルが光エネルギーによって活性化する、その働きで水が水素（H）と水酸基（OH）とに分解される、発生した水素によって炭酸ガスが還元されて、有機化合物（H-CHO）を形成し酸素（O_2）を捨てるのだ。この際に細胞は糖質を得て、後にそれはブドウ糖・脂質・アミノ酸に変わる。

植物の光合成の発見には段階があった。オランダのヤン・ファン・ヘルモント（一五七九～一六四四年）は植鉢（土の重さ九〇・七キログラム）のヤナギの幼木（二・三キログラム）を水だけで五年間育て、木は七四・五キログラムになったのに土は五七グラムしか減っていなかったことから、ヤナギの生長は水によるものだとした。次にイギリスのジョセフ・プリーストリー（一七三三～一八〇四年）が一七七二年に酸素が放出されることを明らかにし、一七七九年にオランダのヤン・インゲンホウス（一七三〇～九九年）が、光合成に光が必要なことを確認した。その後も、二酸化炭素と水の作用（一八〇四年、ニコラス・ソシュール）、葉緑体と炭水化物生成（一八六二年、ユリウス・フォン・ザックス）、反応過程（一九〇五年、ブラックマン）などと続いて全容が解明されたのであるから、光合成は簡単なことではない。

植物は光合成の化学反応式のうえでは、一キログラムの炭水化物を生成するためには一・五キログラムの二酸化炭素を取り込み、一・一キログラムの酸素を放出する。出入り差の〇・六キログラム相当分は根からの水の吸収による。日本の森林では植生によって違うがヘクタール当たり年間で、一五～三〇トンの二酸化炭素を取り込み一一～二二トンの酸素生成である。熱帯雨林では、地球全陸地約六〇〇億トンの三八パーセントに相当する年間二三〇億トンもの炭素固定がなされる。このうち地球陸地のバイオマスは炭素換算で三四四〇億トンであり、そのうちの四〇パーセントは熱帯雨林で保たれている。

光合成によってつくられる主たる産物である糖は、そのままで植物の組織の成分になるわけではない。例えば樹木の幹においては、葉で作られた糖が移動してくると、そこで利用され新しい細胞がつくられて幹の成分（形成層）になる。糖を幹の細胞壁の成分であるセルロースやリグニンに作り変えるためにはエネルギーが必要であり、そのエネルギーは植物が呼吸で得る酸素による糖の酸化で生み出される。その場合のアデノシン三リン酸（ATP）は、生物体内でのエネルギー保存および利用に関与する物質であるといい、すべての真核生物においてこれが作用していて、代謝などにおけるその重要性から「生体のエネルギー通貨」とされる。

ATPは根からの無機養分の吸収、葉から根や新しい葉などへの光合成産物の移動、新しい組織の形成など多くのエネルギーを必要とする過程においても活用される。葉の組織でも、昼間は光合成によってエネルギーを得ているが、夜間はATPを利用して細胞活動を維持している。このように糖を初めとする光合成産物の少なくとも五〇パーセントは、その植物が新しい枝や葉のために、あるいは土壌からの無機養分吸収など植物の体を維持するためのエネルギー源として消費される。

植物はまた、土壌中の硝酸イオンをもとにアンモニアを合成する。これらだけではなく、細胞の分化をコントロールする植物ホルモンも根や葉で合成され、上下双方向に輸送されている。それらのいくつかは、代謝反応に利用される役割に加えて、地上部と地下部を結ぶ情報伝達の役割を担っていると考えられている。

エネルギーを太陽光から獲得して行なうこうした連鎖的化学反応は、植物だけが有する偉大な能力によるものであり、無機物を有機物に、不活性物質を活性物質に変化させる自然の驚異だ。動物は一般的に、有機物を栄養分として摂取し吸収可能な単位まで分解・消化した後に、エネルギーとしたり生命活動に必要な物質を作ったりすることの従属栄養によっている。例えば消化酵素によりデンプンは糖に、タンパク質はアミノ酸に分解される。吸収された糖やアミノ酸はエネルギーになったり、タンパク質を合成するのに使われたりする。いっぽう植物の多くは、無機物から有機物を作るので独立栄養と呼ばれる。このことは、自然界において一体どちらが偉いのかと考えさせられるおおきな事実である。

様々な生命

植木鉢に一株のライ麦を植えて四カ月間育て発根した根を調べたところ、その本数はなんと一三〇万本、総延長は六二〇キロメートル、根の表面の根毛を加えると数十億本もあり、一万一二〇〇キロメートルであったという実験結果がある。にわかに信じがたい数字にみえるが、人間の大人一人当りの血管が毛細血管を含めて約九万キロメートルというからまんざらでもないのである。植物にとっての根は旺盛な生命力のあかしだ。

ハス（蓮）はスイレン目ハス科（蓮華、以前はスイレン科、現在は独立のハス科）の水生多年草である。インド原産で古くに中国から渡来し、根茎を食用とするために栽培されてきた。葉は円形で水面の浮葉と立ちあがる立葉があり、花は花茎を伸ばし紅・ピンク・白などの大きな花を開く。花後、花托が肥大して逆円錐状になり、蜂の巣のように種子を作り食用にもなる。ちなみにスイレンの方は浮葉だけであり、花は水面に浮くか低いところに咲き、ハスの葉のように水玉を作ったり水をはじいたりしない。

ハスの根茎の穴は真中の一個の周りに九〜一〇個あいており、空気を送るための通気孔の役割を果たしていて、地中から水上の茎や節にも穴が繋がっている。先が見通せる穴として、慶事に縁起のよい食物とされる由縁である。食用として見かける蓮根の姿は単茎だけれども、実際は連茎で一年にその総延長で二〇メートルも伸びるというほどの生長力がある。そうした事実を確認したのは、今は干拓によってその姿がない京都巨椋池において、水生植物を研究していた若い頃の三木 茂博士（一九〇一〜七四年）である。ササの地下茎もよく伸びて、ヘクタール当り数百キロメートル、一平方メートル当り数十メートルというほどの総延長の長さと密度の高さだ。

スイレンの方は古代エジプトで神聖視されるが、ハスは泥水の中から清らかな花を咲かせて清純さを表し、種子が多いことから多産や生命力の象徴である。古代インドの神の誕生神話や仏教の釈迦誕生を告げる開花噺にも関連し、仏像台座の蓮台はハスの花の象《かたど》りであり、極楽浄土は蓮池のことというのはよく知られるところである。花托が蜂の巣に似ていることから古くはハチスと呼ばれ、『古事記』にも波知須として記載がある。

千葉県の東大検見川厚生農場の落合遺跡では、それまでに縄文時代の丸木舟やオールが発掘されていたが、一九五一年に植物学者の大賀一郎博士（一八八三〜一九六五年）と地元の中学校の生徒によって、泥炭層からハスの実が発掘された。その実と丸木舟の一部の炭素同位年代分析によって、それらが約二〇〇〇年前の弥生時代後期のものであるとされた。大賀博士は、わずか三粒の実の発芽を試みてかろうじて成功し、翌年の夏にはピンク色の大輪の花が咲いた。国内外におおきな反響を呼び「世界最古の花・生命の復活」などと報道され、ハスは大賀ハスと命名されて、現在、日本各地や世界各国へ根分けされて栽培されているのはよく知られるところだ。

大賀博士はそれ以前にも、推定一二〇〇年前のハスの実の発芽に成功しており、また一九六三年には明治時代以降開花しなくなっていた近江妙蓮を復活・開花させている。この近江妙蓮は一四〇六年に足利義満に献上された記録があり、滋賀県守山市田中家代々によって受け継がれてきたもので、花びらが八重化しその数二〇〇〇～五〇〇〇枚ともいう突然変異種であって長期間咲き続けるという。

一八九六年（明治二九年）に平瀬作五郎博士（一八五六～一九二五年）によって、植物であるイチョウにも雌花の胚珠の中に精子があることが発見された。人間の子宮にも相当する花粉室の中で、四カ月もかけて受精の準備中の花粉であり、この後その精子は室内の液体の中を泳いで造卵器に入り受精した。樹木の中でもより原始的といわれるイチョウやソテツにおいて、人間に似たこのような受精がおこなわれること自体が生命の根源を示している。イロハモミジやハウチワカエデやイタヤカエデは、雌雄同株の樹木である。そのカエデ類の中でウリハダカエデは、何年も雄花だけをつけていた個体がある年に雌に変わり、大量の種子をつけるという性転換が起こる。

スベリヒユは芽生えから種子ができるまでの期間がわずかに二〇日であり、他の夏雑草の多くも二〇～四〇日だ。一株でスベナは四万粒、ヒメムカシヨモギは八二万粒もの種子をつけ、一平方メートル当たり七万五〇〇〇もの雑草の種子があったという調査結果もある。実生の生存率は一年目で二〇パーセント、二年目で五パーセント程度であるというが、根から直接出る根萌芽は二年目で八〇パーセントであり生長率も高い。水を与えれば発芽しやすいレタスは一日程度で種皮を破って根を出すが、その時にすぐ水分を取り去って観察したところ、二週間もの乾燥に耐え続け再び水を得ると生長したという。

常に動物に食べられるもとにある植物は、少しくらいは食べられてもいいようにしっかりと工夫を凝らしてもいる。アサガオやヒマワリなどは、茎を伸ばし葉を展開して生長する先端の頂芽に対し、その下の茎の部分に脇芽があって、頂芽部分が食べられた場合の備えとして待機させている。雑草の女王とされるヒメシバを含めたシバ類を中心とするイネ科の植物は、乾燥した草原地帯で地上部を草食動物によって常に食べられることに耐えてきたために、生長点が頂部ではなく根元にある。先端が食べられれば、返って根元に光がよく当たってまた生長を始め、葉が食べられることを補っている。ちなみに、園芸店では様々な色や形のランが売られているが、これらの商品化の栽培はこれとは逆に、茎頂の生長点の培養で増殖させる。

アカガシワの種子は土中で数十年も時期を待ち、ヌルデは山火事で五〇度以上に曝されて種皮に割れ目ができて始めて吸水が可能となり発芽に至る。北米西海岸のセコイア類は樹皮が厚く肥えており、山火事に会っても燃えずに返って旺盛に種子を作り、焼けてしまった周囲の広葉樹に代わって勢力を拡大する。ロッキー山脈以東のジャックパインやロッジポールパインやノブコーンパイン、またオーストラリア固有のグラスツリーも同様で、火事に会って始めてマツカサや種子が開くから、火事に耐えるというよりは明らかに利用しているわけである。

カバノキやポプラのように、人間よりは少し長い一〇〇年程度の寿命の木もあるが、樹木はおおかたのところもっと長生きだ。ニレは四〇〇年、ナラやブナは五〇〇年以上、クリ・シナノキ・カラマツは一〇〇〇年以上、ヒノキやスギは数千年を生きる。米国のイガゴヨウマツの四八〇〇年超という世界最長寿命を筆頭に、チリのパタゴニアヒバに三六〇〇年超、米国のアラスカヒノキに三五〇〇年超という驚異的な個体もある。いっぽう動物は長生きとされるカメでも、アンダブラゾウガメで一五二年、チョウザメも一五二年、メバル一五〇年、ナガスクジラ一一六年などであり、樹木にはるかに及ばない。ただし働き者の葉の寿命は、五年以上というモミ科のシラベ（暗い林床の稚樹で一〇年以上）があるが、常緑針葉樹で普通は二年半、常緑広葉樹で一年から二年、落葉樹は一から八カ月である。

ヒノキは、日本に産する木材としては剛直性や耐湿性などの面でもっとも勝れた建築用材であり、古来より社寺建築などに用いられてきた。良質なヒノキの生産地であり日本の三大美林のひとつでもあって、伊勢神宮の御用林があるのが裏木曽だ。木曽では江戸時代に、ヒノキ・サワラ・クロベ・コウヤマキ・アスナロが「木曽五木」と呼ばれ、貴重な用材として一〇〇年二〇〇年の計で大切に保護管理された。徳川家慶の時代の一八四〇年に全山の守護神として護山神社が建立され、その御神木はかつて樹高三六メートルで幹周り二・一メートル、推定年齢九五〇年というものだったという。ところが室戸台風（昭和九年、一九三四年）により倒れてしまい、二代目に指名する樹を隈なく探した結果、樹高二六メートルで幹周り一・五メートル、推定年齢一〇〇〇年が選ばれた。

その木曾赤沢自然休養林には、切株の上に種子が落ちて実生しそこを土台のようにして大きくなる根上がりヒノキが多い。さらにその地域には、一つの切株の上にヒノキとサワラの実が落ち同時に芽が出て、密着して生長するうちに年輪もひとつの木になってしまった合体木がある。樹高三五メートルで幹周り二・五メートル、推定年齢五六〇年という堂々たる大木である。東京新宿御苑には五〜六メートルの範囲内で三本の同じ木が育ち、樹齢百数十年、樹高四〇メートル、幹周り五〜六メートルとなったユリノキがあり、その根元の太い根はお互いに完全に癒合している。

樹木で最も高いものは米国カリフォルニア州のレッドウッド国立公園のセコイアメスギで、樹高一一一・三メートル、幹周一三・四メートルである。いっぽう生物の体積として世界最大とされているのは、米国カリフォルニア州のセコイア国立公園のセコイアデンドロンで、樹高は八三・八メートル、目通り幹周が二五・三メートルの木であり、重さは二〇〇〇トン以上、樹齢三五〇〇年と推定されている。

これらのように草本《そうほん》・木本《もくほん》はさまざまな生命力と生きざまを見せてくれる。子孫の残し方は精子・卵子による生殖・出産であれ、花粉交配と種子の飛散であれ、その仕組みが違っても時系列通時性の子孫の継承と種の繁栄という生命目的は一緒である。自然環境に生きる植物は、落葉樹にあっては春に新芽を出し新緑となり、夏には青葉の繁茂を謳歌し、秋には紅葉して葉を落とし、冬に冬芽を守って来る春に備える。そうした自然のサイクルの中で自らも生長を続ける。どんなに快適な人工環境に暮らそうが、成人に達した以降では時間と共に老いるだけの人間生命とは、対比の余地がないことが知れる。

春・夏・秋・冬の四季を幼年期・青年期・壮年期・老年期に相当させて、人間の生命あるいは人生を語ることがあるが、このように自然の営みや植物の生態を知れば知るほど、これもまったく当らないといえる。そもそも地球の大半が氷結し、日本海の海水面が今より一二〇メートルも低く、大陸と陸続きであった寒冷・乾燥の氷河期の環境下にあっては、梅雨や高温多雨の夏は訪れようもなかった。この日本列島において四季が生ずるようになったのは、このような地球環境が温暖な気候に変化し、海水面も上昇する一億年前ほど以降から徐々に成立した季節である。地球史的に今後は再び氷河期に向かうとされ、その悠久の時間サイクルの上で四季は消長する。文学的にならともかく科学的ないしは哲学的に、四季と人間の盛衰と対比することは意味をなさないが、植物にとってはその際の生存戦略を怠ってはおれない。

2　考える植物

★植物の感覚

植物の視覚・臭覚・聴覚

植物の生き方は多様で個性豊かであり、人間の歴史においても有用なパートナーであったが、どうも不当な見方や扱い方をされているのではないかと思う。一部のものは雑草・雑木などといって人間に嫌われるが、それはどうしてなのだろうか。植物を一層よく知るために、もう少し彼らの中へ潜入してその生き方や能力をみてみたいと思う。

普段はあまり意識しないが、私たちは五感によって光・音・匂い・味・物性・力などを感知し生活しており、その生体的・生理的反応は究め尽くされている。動物においては、特に異性へのメッセージに関する匂い・触感・音の発信などと共に、チョウやガにおけるフェロモン、深海魚にみられる生物発光などが研究されている。

ところが植物も、こうした感覚器官と同様か類似の仕組みや機能を持っており、内容によっては動物の能力をはるかに凌ぐことがあるのである。まず基本的なことであるが、根は大地の重力を感知して土中深く突き進み、茎はそれに逆らって天空に伸びる。たとえ横に倒されても、根は下方へ茎は上方へ曲がってまた伸びる。文豪ゲーテは、文学のかたわらで自然に科学的な観察の目を注いだ学者であったが、こうした植物の根と茎の性質をみて、重力の反作用としての「軽力」という概念を掲げた。

植物の葉の多くは、光の方向を感じて向きを変える性質を持っている。ここで感じてというのは、感情や感受性といった精神的要素を排除した物理的・化学的反応のことをさし、その限りにおいての植物の感覚である。葉っぱは普通には、光合成のために光を求めて葉面を光の方向へ向ける。しかし光が強すぎる場合には、光エネルギーが有害な活性酸素の発生を誘うので、光を避ける向きに運動する。葉っぱの細胞内の葉緑体さえもが、弱い光の下ではより受光するように光の向きに直角になるように並び、逆に強過ぎる場合には光の向きに平行になるように並ぶ。樹木の林冠上部で強すぎる光を葉が避けると、本来は日陰である下部の葉へ光を届かせることになり、木全体にとってはいかにも合理的なこととなる。

植物にかかる視覚（場合によっては温度感覚）に関しては、それ以外にも昼時間の長短から季節の変化を読み取って開花・生長や冬眠の準備をするということもある。また森の土中の種子は、到達する遠赤色光（赤色の外側の波長七〇〇ナノメートル以上である暗赤色光、七六〇ナノメートル以上の赤外線と重なる）の多少で、発芽した場合に光を十分に受けて生長していけるかどうかを知る。その理由は、植物が光合成に必要とするのは太陽光のうち主に赤色と青色の光であり、これらを吸収し不必要な遠赤色の光は反射すること、光合成に有効な赤色や青色を中心とする光成分が、上の方の木の葉に吸収されてしまえば下まで届かないということからだ。

植物にはフィトクロムというタンパク質があり、赤色（六六〇ナノメートル）の光によって活性化し、遠赤色の光（七三〇ナノメートル）では不活性化する働きを持っているといい、種子は赤色の光を受け取ることをきっかけに発芽し始める。土中ではたくさんの植物の種子が芽を出す機会を待っているが、このようにして赤色の光よりも遠赤色の光が多く届いていれば、他の植物の影になっていると判断して発芽を待つのである。せっかく芽を出しても、他の植物の影になる環境では充分な太陽光が当たらず生長できないのであるから、種子は自分のいる場所に光が充分に当たっているかどうかを感じながら芽を出すタイミングを計っているのである。

日が当たると花が開き、日暮れとともに閉じる花は多くあるが、太陽の方に向きを変えるヒマワリは向日性の最たる花で、まるで目を持っているかのようだ。花を咲かせる前の茎の先端部分では、太陽に当たっていない側がより延びることによって、太陽光の来る方向へと自ら向きを変える。花を咲かせる段階になると茎の生長が止まって向きは固定され、ヒマワリ畑ではいっせいに東南の方を向いて咲くヒマワリを見ることになる。

色とりどりの花を咲かすということ自体が、自覚はないにしても昆虫との色覚獲得の共進化とも言える。空中のミツバチにとって花の色は花蜜への誘導標識であり、鳥類にとっては深紅の花はその有視界飛行の航空標識である。こうした視覚的な誘引ではなく、ヒルガオのように臭覚的な標識によって誘引する植物もたくさんある。昆虫や動物の方でも、鳥類のように視覚が勝れ臭覚はそれほど鋭くはないものもいれば、逆にサケやウナギやイヌのように臭覚のきわめて勝れているものがいる。草食動物は草の匂いを嗅ぎ分けて毒草を避け、アリや一部の魚では負傷した場合に発散する匂いが、警報物質であって仲間に危険を知らせる。

動物、特にこの場合の昆虫の世界では、これまでは本能の支配によるとされていたこのようなことが、実は厳密な化学的な因果律に従った行動の決定機構によるものであるということが、科学的な観察と分析によって分かってきた。色の波長や匂いの化学物質分子による刺激と、それに対する自動的で正確な反応は、本能ではなく化学的な決定機構の作用の結果だというのである。

害虫による被害株と健全株の植物間で、匂いを介した情報伝達があるのではないかと言われている。匂いは被害株から出て健全株がそれを受容する。ジャスモン酸メチルを放出する植物は、同種であれ異種であれ隣の植物の抵抗性を高めるという。お茶の香りの主成分や揮発性テルペン（香水の原料）、サリチル酸メチルなども、同じような働きをするという報告がある。

特殊な例であるが次のような驚くべき植物もあるという。その植物は、蝿を餌とする蜘蛛の居場所を花びらの裏に用意するとともに、糞の臭いを出して蝿を集めその蜘蛛に捕獲させる。木の上にその動きを待つ鳥がいて蜘蛛を捕獲する。単なる一連の偶然のようであるがそうではない。ではこのような手のこんだことがなぜ起こるのかについては、この植物の花が巨大であり昆虫程度では受粉の役にたたず、鳥の羽ばたきを利用するためという立派な理由があるのである。密を吸う鳥ではなく蜘蛛を好む鳥に対して餌食を用意し、その関連でまず蝿を呼ぶという食物連鎖の応用なのである。

そうした臭いを偶然に化学合成してしまったところ蝿が集まり、蜘蛛もやってきてさらに鳥が見ており、この連鎖が成立し受粉に都合がよかったというようにしてはできすぎている。長い自然選択の過程を経て種の持続や進化があることからすれば、他にもあったかもしれない嫌な臭いを出す花においては、昆虫なども近づかず早い段階で生存競争から脱落してしまったことだろう。いずれにしても出発点は臭いを発することにあり、嫌な臭いよりも好ましい匂いをより多く発散するのが植物であることの理にかなっているようであっても、このような事例もまた成り立つ。

聴覚に関しては、愛情をもって語りかけたりクラシック音楽を聞かせたりすると生長がよくなり、威嚇の言葉を吐くと萎縮したりするといったことが実験によって確かめられている。一九六一年、アメリカの植物学者兼農業研究家のジョージ・E・スミスは、温度と湿度を同じにした二つの温室にトウモロコシと大豆を播き、一方の温室ではジョージ・ガーシュインの曲を一日中流しつづけたところ、そちらの方が発芽が早く茎や葉もよく生長したという。ある種の音波エネルギーと植物の分子活動が好ましい関係にあるというわけであるが、こうしたことが今日の生物化学分野でさまざまに研究されている。彼らに適切に通電すると生長が促進されることや、電磁波・放射線との一種の物理的な関係なども分かってきているという。

触覚や味覚

葉を指で触るとお辞儀するオジギソウは、ブラジル原産で別名ネムリグサともミモザともいうが、園芸的には一年草扱いとなっているものの本来は多年草だ。花ことばとして感受性・羞恥心・繊細などとされるのは、その触覚反応に起因する。オジギソウの葉は二回羽状複葉と呼ばれる形で、触られた時と夜になった時に閉じてお辞儀するように垂れ、前者は接触性傾性運動、後者は就眠運動と呼ばれる。このことに、ファーブルやダーウィンもおおいに興味を持ち観察した。

その仕組みについて今日では、小葉の基部、羽片の基部、葉柄の基部には、それぞれ小葉枕《しょうようちん》・副葉枕・主葉枕と呼ばれる蝶番の役目をする水の入った袋のような部位があって、圧力（膨圧）が低下することで葉が折れ曲がることが知られている。接触性傾性運動の場合、接触刺激が電気信号になって葉枕に到達する。伝わった刺激によって、葉枕の細胞に含まれているタンパク質の構造に変化が起こり、水が移動することによって葉の屈性が生じることが解明された。

就眠運動の方は、葉を閉じさせる就眠物質と葉を開かせる覚醒物質が関わり、覚醒物質によって夜でも葉は閉じずに開いたままにすることができるが、開いた葉に触れると葉が閉じてしまうことから、就眠運動と接触性傾性運動とは、異なる機構によってコントロールされていると考えられている。なぜお辞儀をする性質を獲得するに到ったか、何のために葉を閉じるのかということについては、放熱を抑えて低温から身を守るとか、動物からの食餌攻撃への防衛とかの説があるもののよく解明されていないという。

触覚についてはもっとも身近で顕著なものに、巻きついて登るつるや巻ひげがある。囲われた障壁があってもそれを乗り越えて、まるで目があるようにその先の棒に正確にたどり着き、巻きつき登るという実験結果もある。キュウリの巻きひげの初期の運動は、巻いている内側が何かに触った刺激により内側の細胞から水分が外に出て、細胞が縮むことによって起る。

植物ホルモンのひとつに植物の生長（伸長生長）を促す作用を持つ物質の総称としてオーキシンというものがある。巻きひげやつるが生長することによって起る運動は植物によって異なっており、ブドウではこのオーキシンを与えた側が凸になるように曲がる。キュウリでは巻ひげを切ってオーキシン溶液に浮かべるだけで、触らなくても螺旋《らせん》状に巻いてしまうという。二酸化炭素が巻ひげ運動を引き起こすこともあり、あるいは別の植物ホルモンが巻ひげの運動を起させるのではないかと調べた結果、ジャスモン酸というホルモンが関係していることも分かった。

植物は煩雑に触れられると生長が抑制され、しまいには小型にしか育たない矮小化《わいしょう》の性質がある。これを利用したのが盆栽であるが、手入れとは別のこうした矮小化の仕組みは、ある種の蛋白質の作用が生まれて生体の小型化に関係するカルシウム量が変化するためだという。人間の場合の暴力ざたや被虐の際の生体生理と同じく、植物も物理的に乱暴に扱えば元気をなくし、やさしく扱えばそれに応えるといったことはこうしたことに関係しているかもしれない。このように植物は、風や人為も含む摩擦という外的作用について、触覚反応し変化して生殖や生活を営んでいるのである。

ヒイラギナンテンは早春に小さな黄色い花を一斉に開花するが、ミツバチが花蜜や花粉を集めにきておしべの基部に触ると、一〇分の一秒以下という急速な運動を起して、ミツバチの口吻に花粉がつくようにする。そうして別の花へ移動する送粉者の役目を確実に果たさせる。昆虫の味覚と植物の触覚の相関関係であるが、味覚に関連して植物にも消化するという能力はあるのだろうか。

リン酸が欠乏したシロイヌナズナの根は、クエン酸を分泌しそれによってリン酸の吸収を促進するという。同じくリン酸欠乏状態のトマトの根からは酸性フォスファターゼが分泌され、やはりリン酸の吸収が促進される。酵素や酸・アルカリなどを分泌して、周囲の環境中の栄養源（特に有機物）を分解し、その産物を表面から吸収することを消化というとすれば、そのようなことは植物にとって一般的なことである。したがって、植物の酵素の分泌による高分子有機物の分解も消化といえる。食虫植物のように消化酵素を分泌し、有機物を分解して栄養分とする従属栄養をおこなう植物もあるが、それは特殊なケースである。

自らが摂取する栄養素についての化学的刺激と反応が味覚である。植物がわざわざ昆虫や動物が好む甘い蜜や果実を用意するということは、裏返しに考えれば進化の過程で自ら味を知ったとしか言いようがないように思えてくる。ましてや毒素を用意して敵対的な相手を排除し、なおかつ自家中毒しないことを裏返せば、味覚によって毒物を避ける動物の感知力を知った上で、それらを選択・保持していることになる。このような事例を知れば知るほど、植物にも感覚があり知恵や感情さえものがあると擬人化したくもなるのである。ここまでは動物の五感に類似する物質反応や細胞や体の機能をみているに過ぎないが、この先にはもっと課題が残る事実が登場する。

★知性や感性

運動力や情報力

ある大企業のコマーシャルに登場する巨大な笠のような樹木（樹高二五メートル、幹周り七メートル、投影幅四〇メートル、樹齢一三〇年）は、ハワイの街路樹や公園の樹木としても多く植えられているアメリカネム（モンキーポッド。ネムノキとは属が違う）である。この木やネムノキや道端によく見かけるカタバミは、植物は動かないと思われている常識に反してさまざまな要因で運動をする。

アメリカネムは、日の出とともに葉を開き午後になると閉じる。まったく暗闇の中に置き続けても一二時間前後で開閉を繰り返すので、太陽光の有無による開閉ではなく遺伝子レベルの情報に基づく体内時計であるとされる。ちなみに、電灯をつけっぱなしの元ではやがて開きっぱなしになるものの、その間に一時間でも暗闇にすると開閉能力を取戻して元のようにリズム的に開閉する。

もちろん光を感じて動くものがあって、カタバミは葉を、マツバボタンは花を昼夜をたがえて開閉するが、共に光の有無による目覚めと就眠の運動である。街灯の近くにあるネムノキの葉が夜になっても閉じないのは、温度ではなく光を感じて作動する証拠である。チューリップやクロッカスの花は朝に開き夕方に閉じるが、これらは光ではなく温度を感じて開閉するので、試しにチューリップの花を切花にして暖かい部屋の中におくと夜になっても閉じない。オジギソウも昼間に葉を開き夜には閉じるが、昼間でも葉の位置を時間と共に変える。昼間と夜間で葉の位置を変える植物は他にも多くあり、夜になると昼とは葉の位置が違う植物の方が同じである植物よりも多くさえある。

アサガオは、前日の暗くなった時刻を起点として約一〇時間後に花を開くから、秋に近くなると朝がまだ暗いうちに咲く。タンポポは、夜間の気温によって朝方からの開花を決めるが、咲いてから約一〇時間が経過すると閉じる。多くの植物は、葉によって夜の長さの変化を計り季節の移ろいを知る。それも一五分刻み程度の長短を識別できるという。人間はこれを逆用し夜に照明をあてて早期開花させたりして、季節を問わず一年中咲く園芸花の生産や供給を行なう。咲いた花にしてみればまだ春の遠い寒い屋外に運ばれたり、ハチもチョウもやって来ずであったりでは、おおいに戸惑うことだろう。

春に発芽する多くの種子は、土の中や地面の上で寒さを感じながら春の訪れを待っている。チューリップやヒヤシンスやスイセンなどの球根類は、冬の八～九度以下の十分な寒さを一定期間経験してはじめてつぼみが形成される。促成栽培はその性質を利用して球根を冷蔵庫に入れ冬と錯覚させて、おしべやめしべや花びらなどを発達させ、その後に暖かい所において開花させる。種子の発芽に関しては、光の色波長を計り自分の場所が十分に光量が受けられるかどうかや、耐えてきた乾燥の後に十分に水分があるかどうかの情報を判断することは既にみてきたとおりである。

このように植物は外界の情報を感知して、いろいろな応答反応を示す。光、日長、温度、風、接触、病原菌侵入、傷害などの物理的、化学的、生物的刺激を植物細胞は化学的信号に変えたりしている。重力に関しては、それを感ずる特殊な細胞があるともされ、それらに基づき生長速度を変えたりするような生理反応をおこし、一部のそれが他の部分に影響を及ぼすことも普通にあるという。

つぼみを作り花を咲かせることは植物にとっては極めて重大なことであるが、季節変化の情報を芽に伝える伝達物質については、今日の分析技術をもってしてもその分子構造は特定されていないという。植物の開花という生殖の操作に至る可能性のあるそうした発見は、植物自身がもっとも秘密にしたいことなのだろう。ある植物園で高木のソメイヨシノをビニールハウスで覆って気温管理をし、早咲きさせることに挑戦して二月二五日に開花させ、「花の文化園」と銘うって公開したということが行なわれた。あるいはある種の植物ホルモンを吹きつけて、平年よりも二週間早く開花させることも行なわれたが、例えそれが見世物ではなく実験であったとしても、いったいどんな意味を見出そうとするのかさっぱり解せない試みである。

リンゴのそばにバナナあるいはキウイフルーツを置いておくと、バナナやキウイが早く熟すということが知られている。刺身に対するワサビやシソは殺菌効果があるとされるなど、一方の発散する化学物質が他方の熟成もしくは腐敗を遅らせる、または早めるという例は日常的に経験するところだ。また、ある植物と別の植物を一緒に栽培すると甘味が増すとか、ある植物と混植すると別の植物の収穫量がアップするとかといった例も多い。ジャガイモのそばのエンドウやイチゴ、ニンジンのそばのパセリ、ヒナギクやヒナゲシのそばのムギなどは生育が良くなることが知られている。ただし、同じ科であるのにジャガイモはトマトを嫌う。

こうした農業生産の場で知られる他感作用のことをアレロパシーといい、植物が土中や空中に化学物質を発散し、他の個体に何らかの生理的影響を与える現象である。他の植物が嫌がるエチレンやある種のテルペン類のような化学物質を出して、種子発芽を含み生育を阻害し、結果として自分の生育に有利な環境を作る。自分の仲間に対してはそれほど阻害性を示さないが、時には生育の競合を排除することもあるという。セイタカアワダイソウやニセアカシアが知られているが、ほとんどの植物はなんらかのアレロパシー能力を持っていることが分かってきた。

害虫にかじられると傷害部位とその周辺に特殊なタンパク質ができて、このタンパク質が害虫の消化に悪影響を与え、続けて食害を受けないようにするということがある。しかし、次のような例になると植物はあたかも情報発信をしコミュニケーションしているかのようである。砂漠にあるアカシヤの葉をキリンが食べると、一五分ほどして葉にタンニンが溜まり苦くて食べられなくなる。しかも、食べようとはされなかった近くの木の葉もやはり苦くなり、それらは数日後には回復するというのである。この場合の敵対生物の一斉撃退のための情報物質は、揮発性のエチレン（C_2H_4）であるということになっている。

ある種のダニや蝶や蜂の幼虫に葉を食べられた植物の中には、揮発性の警告物質を発してそれらの天敵を誘引し退治させるものまでがある。その揮発物質はやはり、まわりの仲間の植物にとっての伝達指令の情報になるとされる。動物や昆虫に食べられる時に植物が出す警報物質や信号物質は、植物種や昆虫の種類などによって違うことが分かっている。エチレンのほかにジャスモン酸やテルペン類が指摘されている。これらが食害に対する防衛反応にどの程度関係しているかは分かっていないが、食害を受けた組織近傍の細胞で傷刺激に応じて合成された揮発性化合物が、周囲の組織あるいは植物に新たな応答を引き起こすと考えられるという。

植物の一部が病原菌に感染すると感染部位で特殊な信号物質が合成され、これが他のまだ感染していない健全な部分に運ばれて病害抵抗性を与え、全身の感染を防ぐというようなこともある。タバコの葉は病原菌に感染すると、それを分解する作用のある蛋白質をつくって対抗する。その上に、感染したことを情報伝達する役目のサルチル酸を作って、自らのほかの葉にも防衛体制を指令するばかりか、その揮発によって近くの仲間のタバコの個体にもそれを教えて緊急体制をとらせる。

感受性や感情

植物に神経組織と似たものがあるのかについての答えは、ないである。しかし、植物にストレスとなることは多くある。高過ぎるまたは低過ぎる温度や過不足のある水分、強過ぎたり弱過ぎたりする太陽光や養分の過不足、病気や公害をはじめ人間からの妨害などへの対応だ。外界の刺激に対する植物の応答反応や刺激伝達系の研究は、分子レベルで活発に進められている領域であり、人の言葉、願い、祈り、音曲などを感知する物理的証拠は今のところない。しかし植物を擬人化して、植物個体は相互に語り合っている、人間の感情を感じ取っているなどとなぞらえることもまた可能である。

動物が、食物や異性を探して必死で歩き回ったり飛んだりし、いなくなった子を捜して鳴いたりしているのを見ると、私たち自身が何かを探し求める時に経験するある種の感情を、それらの動物も持っていると思わずにおられない。人間以外の生物には死の認識がない、中でも植物は生体輪廻の実態からしてもその必要もない、それゆえに恐れの感情もないだろう、と私たちは思っている。ところが植物における次のようなことがあるのを知ると、そうした念がゆらぐのである。

嘘発見器は、生物の体内を流れる超微弱な電流の変化から人間の感情の動揺を捉えて、嘘の有無を探る器械である。アメリカのクリーブ・バックスターが発明した。その彼がある時、観葉植物のフィロデンドロンの葉に嘘発見器を繋いでみることを思いつき、様々な刺激を葉に与えてその反応を試してみた。熱いコーヒーをかけたりしても反応がなかったが、葉にマッチで火をつけてみようと思ったとたんに記録紙の自記針が大きく振れたというのである。植物が人間の心の動きに反応したと思った彼は、植物の種類や器械や場所を変えてさまざまに実験し、植物の生理と人間による刺激や想念との関係について研究を重ねていった。

バックスターはその延長上で、フィロデンドロンが嘘を見抜いたと報告している。その解析方法は、被験者しか知りえない特定のナンバー数字について、バックスターの言う推量が当たっていても被験者にわざと違うと言わせたところ、葉の電極の針が反応したというのである。また、複数の協力者に持たせた紙片のうち、この木を切り刻めと書いた紙を持つ者に対する怖れのような反応、部屋を隔てあるいは遠くの場所から送る想念の時刻とぴったり同調した葉の反応などが、綿密な実験法の結果として報告されたという。身近なオレンジやバナナを含む二五種類の植物についても、いずれも刺激に対する類似した結果が得られ、また咎めたり叱ったりすると植物が元気をなくし、その逆だと元気を回復するなどの観察結果も得ている。

一九六九年のこと、ドロシー・リタラッタ婦人はトウモロコシ・カボチャ・ペチュニア・百日草・

キンセンカを二組に分け、ロック音楽とクラシック音楽のそれぞれを聞かせたところ、ロックの方は細く小さな葉しか出さないのに、クラシックの方は良く育ったとしている。それは、音波が空気の粗密でありその刺激を受けることによる反応という解釈が普通である。音波のみならず電磁波や磁場に対しても植物は反応するものであり、実際に高圧送電線などの下では米の収穫量が多いとも言われる。しかし、植物がゆったりとした心地よい音楽を聴くと、喜び元気を出すというような解釈もまた自由である。

ランの一種であるオフリスの花は、ミツバチやマルハナバチ、クモやハエの姿のような外観になっており、それぞれミツバチオフリス、クモオフリスなどと呼ばれる。マルハナバチオフリスは形や色だけではなく、ハチの体毛まで似せた唇弁があり、雌が発散するのと同じ匂いまで分泌する。マルハナバチの雄はそうした囮《おとり》と必死に交尾をしようとし、体に花粉をまとい隣の花のところへ行ってランの受精の手助けをし、自らの子孫ではなくその繁栄に尽くす。花と昆虫の関係がこれまでにみてきたような色や香りや花蜜においてだけではなく、このような擬態によってまで成されるということは、木の葉にそっくりであるコノハムシなどの自己防御のそれとは違って、突然変異の偶然や自然淘汰の必然、あるいは自然選択の調整や自然適応の複合によっても、とても説明し切れない。

植物のこのような不思議な形態や機能、知覚や能力については、古くより多くの植物学者を驚かせその謎をめぐって科学として考え悩んできた。ゲーテもいろいろと考えて、植物の雌雄同株などの性質に両性具有をみてとり、植物発生の原点を考えて原植物というかたちを思い浮かべた。その著作の『植物の変態』においては、植物は原形たる原植物からさまざまに変身して発達してきた存在であると結論するなど、ダーウィンの進化論にも先だつ自然哲学を述べている。

そのことを一歩進めると、先の場合のランとハチは花粉からではなく卵から育ったランがあり、卵ではなく種子から生まれたハチがいるというような寓話的な想像にまで至る。ランでありハチである、ハチでありランであるといった植物と昆虫の両種具有的な生命をみる思いとなる。対象を安易に擬人化して捉えてしまうと、かえって思考の壁に囲まれてしまうのは確かであるが、ランはハチを魅惑しハチはランを愛し、エネルギーを与えあい代理妻のような生殖を行なうといった夢想は許されないと言い切れない。コノハムシにしても、ムシがハになったというよりもハがムシになったと思ってみたくなる。

このように植物は、知性的あるいは感性的な面においてもなかなかの存在である。たかが草木と侮れず、私たちが持っている常識的な生命観や自然観を覆す。植物の構造と生殖を研究した石川光春理学士は、植物と人間とは生命の根本においては同じであり、高等とか下等とかを論ずるのは不合理であると言っている。人間には確かに心があるが、植物の内面を観察できないからといって、彼らには心がないとはいえないとしている。そして、「同じ命を絶つ際、何等苦悶の状も見えず赤き血も出ないからとて、植物なら勝手に葬り去っても大した罪では無い抔《など》考えるは、廣く生を愛する心と理《ことわり》にて矛盾する」と言い切っている（『植物と人間の比較』春秋社）。また、人間の精神現象が植物に及ぼす影響を科学的に証明しようと試み、人間の活動や休息が植物と相互作用すると考えた化学者マルセル・ヴォーゲルは、「私は、他の観察者には見えなかったことをあたかも顕微鏡で認めることに成功したけれど、これは視覚ではなく私の精神の目で行なったことだ」と言っている。

雑草の戦略

農業は雑草との戦いであると言われる。私自身の貸農園でのささやかな野菜栽培の経験からも、夏場には取ったばかりなのに、一週間もすればまた生えてくる雑草には確かに手こずる。雑草は、その出自が氷河時代のモレーン（堆石）などの不毛の土地にあるとされ、洪水跡の河原や土砂崩壊地、人間が自然破壊した土地などに好んで育つ。田んぼや畑、宅地造成地やグランド、道端や空地などにも多いのは、農耕や開発などの人間による自然の撹乱を、返って自らの生育条件としているためだ。つまり、そのような場所の環境が生育にあっているからで、場所によって環境は違うから雑草の種類も変わり、その場所の環境が最もあっている草が生い茂る。田畑は人間がその場所を選び耕作するのであって、農作物がその場所を選んだのではないからその場所が最もあっているとは限らない。

ところが雑草は自分でその場所を選んで生えるから、どちらがより元気であるかは明白であり、放っておけば農作物は雑草に負けるということになる。土壌と水管理が行き届いた人工的な田畑などの大地をより好んで繁茂する雑草は、人間の耕作によって地中に眠る種子に光が当たると、一気に発芽してあっという間に生長する。水田ではウリカワやコナギを代表として九二種類、畑ではエノコログサやヒメシバを代表として三〇二種類は挙げられるという。このうちウリカワ・コナギ・ネザサの三種類以外は、何らかのかたちでの帰化植物である。

休眠種子の中にはハコベで六〇〇年前、シロザで一七〇〇年前という古いものの発芽が確認されているという。縄文時代の遺跡からはヒエやアワの穀物に混じって、ナズナ（通称ぺんぺん草）・エノコログサ（ねこじゃらし）・イヌタデ（赤まんま）などの、今日でも馴染み深い雑草の種子が発掘されている。歴史的に雑草は、人間活動に伴って生息域を全世界に拡大してきたともいえるから、田畑の耕作が彼ら歴年の勇者との戦いになるのも当然である。

タンポポなどは、その根を切り刻んでもその一つひとつの断片に再生能力があり、クローンそのものである。ハマスゲは地下茎によって繋がっており地上部分を切ってもまた生え、耕作によって根がちぎられてもかえって増殖してしまう。あたかも、人間の営為に対して挑戦するか利用しようとするかのようである。繊維根型のひげ根の総延長は、カラスムギで五五〇キロメートルにも達するといい、チカラシバやオヒシバなどは大人が茎葉を引っ張ってもびくともしない。

直根型では通常は地中五〇～六〇センチメートル、セイヨウヒルガオは地下六メートル、あのツクシのスギナさえ地下一メートル以上の深い根を持ち、地上部が刈り取られてしまっても再生する。田舎であっても道路や駐車場や作業ヤードの地表を、アスファルトやコンクリートや砂利で覆ってしまうことが多いが、それはすなわち雑草を生やさないための手っ取り早い方策だ。しかしハマスギやスギナは、芽の先端の細胞膨圧が十数気圧もあって、アスファルトでさえ突き破ることがあるという。

農道やグランド周囲のように人が定期的に踏むところでは、オオバコ・スズメノカタビラ・カゼクサ・ニワホコリなどの踏跡群落となる。オオバコは粘着性の液を出して踏んだ靴や車輪にくっつき、山道や沿道に沿って拡張繁殖していく。なんど踏まれてもしぶとく生きるものには、これらの他にコニシキソウやハマスゲなどがあり、これらは茎が短く葉もちぎれないように丈夫だ。

雑草は同じ株から出来た種子でも、大きさや重さがさまざまである。次世代の繁殖のためにわざわざ多様性を持たせており、あらゆる時やさまざまな環境に対応しようとする。例えば発芽については、最適な気候条件になってもまだ休眠しているものがいて、これらは万が一に備えてわざわざ遅れて発芽しようとする。人間の農耕作物は、収穫量や促成栽培、美味しさや見た目のよさなどを旨として作り、選別を繰り返した結果として均一な形質になっている。このことによって、ひとたび環境が激変したり病気が蔓延したりすると、全滅の憂き目にあうことになる。雑草にすれば自ら生きてきた歴史や環境からして、それは子孫存続のためには危ういということである。今の繁栄が次の繁殖となるとは限らないことをよく知っているわけで、その保障のために手を打っていることになるのである。

同種の草でも栄養条件のよい生育地とそうではない所とでは個体サイズの差が著しく、それは子供から大人までということではなく、小びとにもガリバーにもなり得るという可塑性の高い遺伝子を持っているからとされる。また、人間が近くにいる生育環境ではいつ何が起こるか分からないために、彼らは極めて早く生長しかつ種子を作って子孫を残す必要がある。そのために雑草の多くは、背丈を伸ばしつつ次々と花を咲かせるといった、茎や葉の栄養生長と花や種子の生殖生長を同時に行なう。

要するに雑草にとってその地にある目的というのは、精一杯に生長して勢力を拡大し繁殖を行なって子孫を残すことに尽きるから、はびこって困るというのは人間の言い分とばかりに、場所さえ得ればどんどん繁茂する。春の雑草の代表のようなハルジオンや、夏の夕方に道端に咲くマツヨイグサはもとは園芸用であったが、温室のぬるま湯から敢えて厳しい外に逃げ出した植物だ。このようにして野生化したものがある一方で、逆に温室やビニールハウスに潜り込んだのが南米原産のスベリヒエである。暖かい所に入る理由は、ひ弱さのゆえかというと決してそうではなく、そこが故郷の気候にそっくりなためにおおいに繁殖できるからだとされる。

以上のように人間の農業や畜産業の現場のみならず都会の中でも、雑草はたくましく生きる。植物同士で凌ぎを削りあう場合には、お互いに同時共生や時間差発芽などの環境適応と生存の戦略を練る。それに反して人間は、害悪のあるものとして雑草を嫌い駆除する。河原や浜辺などの砂利地には草木が生えないことを見て、古来より祭祀や儀式の場では砂や石を敷いて植物を排除したりしてきた。都会でも空地を放置すれば直ちに芽吹き、住宅地での庭などにも混じり、その繁茂や蚊や虫の棲みかとなることを嫌って、芝生にしたりコンクリートで覆ってしまう。一方では農地や牧草地自体が減反政策の休耕地や放棄地となって、帰化植物を中心として雑草の勢いは増すばかりであるから、人間の側には戦いの戦略というほどのものがない。

このように植物は、偉大な生命力を発揮し個性豊かな存在であり、その創造性も戦略的に考えつくされていることを物語っていそうだ。私たちは環境主役としてのそうした彼らを、果たしてどこまで知っているかということになるのである。

II 植物はどこでだれに語っているか

環境告発者としての彼らに聞こう

植物や他の動物を征服してきた人類は、この地球上での覇者である。本当は、その生産や消費は彼らに依存しているのにである。自然環境を蹂躙《じゅうりん》し続ける人間は、果してどこへ向かって行こうとしているのだろうか。そうした人間に対する植物たちの疑問や申し立ての声が、聞こえてきそうではないか。

1 草木の立場

★近隣の草木

雑草・雑木の立場

田畑は、農耕という目的で土地を利用するから農作物以外の草木は確かに邪魔者である。牧草地とかゴルフ場とか、あるいは観賞のための日本庭園とかも、叢《くさむら》に覆われればそれもまた困ったことになる。このような土地や場所は、人間が明確な目的のもとに利用している所だから、雑草が生えるとはびこられては大変だ、すぐに取らないと後々始末におえない、たとえ可愛い花が咲いても種を飛ばし繁茂するから憎たらしい、などということになる。ニンジン畑に生えたジャガイモは雑草とまでは言われないだろうが、ニンジンを耕作する人にとっては要らないものだから取り除く。田畑において農作物以外の草木が邪魔者にされたり、牧草地やゴルフ場において牧草や芝以外が除草されたりするのも当然だと言うのが普通だ。しかし私はここで、敢えてそうした雑草の立場にたってみようと思う。

雑草を完全に排除するための究極的な方法は、皮肉なことにその草を取ることを止め、人工的な干渉を一切せずに放置することだという。夏なら二五から三〇日で発芽から開花結実する彼らも、そこに乗り込んでくる一八〇日サイクルで背丈が一から二メートルにもなる、オオアレチノギクやヒメムカシヨモギやヒメジョンに取って代わられる。三から四年後にはその土地はさらに富栄養化して、好窒素性植物のセイタカアワダチソウやブタクサの大繁盛となる。土壌がそのために中栄養化や貧栄養化するとこれらは衰えて、今度は向陽性のチガヤやススキやネザサ類、クズやカナムグラのツル類が繁茂する。そういえば、開発地や護岸工事の斜面からいつの間にかセイタカアワダチソウがいなくなっているなと思うことがある。

雑草は、最初は堅い土砂や少ない水分・養分の場所で根を張り、通気性や保水性を改善し、自身の枯死した葉や茎が分解されると養分となる。そうして次第に、他の植物や昆虫が棲みつく豊かな土地に変えていく。そうなると彼ら自身は、新たな不毛の新天地を求めて去っていく。一〇年から一五年後には、西日本ではアカマツ、東日本ではミズキやコナラやクヌギなどが目立つ陽性低木地になり、さらに三〇年から五〇年後にはこれらが高木となって、下層にツツジ類などが混じった林や森が形成される。さらに一五〇年から二〇〇年の間には、日本の本来の潜在自然植生であるシイ類やカシ類やタブノキの森林になるとされる。

植物群落が時間の経過に伴って変化してゆくことを植生遷移というが、風化した岩石などの無機的環境において開始されるものを一次遷移、いったんは植生が形成されたが伐採や山火事などで植物群落が破壊され、その有機的環境から再生するものが二次遷移である。一次遷移は土壌が形成されておらず、植物の繁殖の元となる種子や球根なども存在しない、植物生命にとっては極めて厳しい状況からの出発だ。草本《そうほん》は気温などへの自然環境条件への適応力が高く、荒地にも生えるなどして有機物の蓄積や微生物の生存を促す。そこへ別の草が進出し繁茂して草原化すると、環境条件も変化しまた別の草や木が進出する。更に次には、別の木が大きく育って森林化することになる。これは、過疎地などで増えている休耕田や放棄された牧草地や倒産したゴルフ場での、植生遷移の現在と未来の姿そのものとなる。再び営農したり営業したりする予定があるならばこれは困るが、自然の推移は人間の汗水や欲望とは関係なく進む。

今日では地域や人もはるかに都会化して、大半の者は農牧に携わるわけではないにもかかわらず、人はこれら雑草について迷惑者のように見なす。雑草を早く排除するためには空地や庭には木を植えればよいことになるが、その木も邪魔者扱いされる。しかし、芝生やコンクリートの隙間から雑草が頭を出す場合には、彼らの以上のような立場を多少なりとも理解してやる必要も出てくるのである。

樹木は、根や茎・幹や枝葉の全体をほぼ一定の割合に保って生長し、自分のどこかを特段に生長させるのではないので、生きる場所を得ても草ほどにはたちどころに繁茂しない。しかし大きくなるにつれその生長量はより増すので、庭木や盆栽は常に剪定や植え替えを行って生長を抑え、一定の大きさに保つ。そうされることの対象でない場合には、やれ日陰になる、落ち葉が樋につまる、虫がつくなどと嫌がられる。かと思えば、里山の雑木林が郷愁を抱かれ維持・保全が叫ばれるなど、草木は常に人間の都合からあれこれ価値づけられる。

雑草という用語についてあらためて考えてみると、辞典では「自然に生える色々な草、名も知らない雑多な草、生命力や生活力が強いことのたとえ」、「田畑・庭園・路傍・造林地などに侵入してよくはびこる、人間が栽培する作物や草花以外の色々の草」などとある（『大辞泉』）。「雑」とは「色々なものが入り混じっていること、区別しにくい事柄を集めたもの、大まかでいいかげんな様、ていねいでない様。粗雑、粗末」とあり、また「精密でない様」ともある。従ってその雑と草が結びついた「雑草」は、混交の草々であるとともにいいかげんで粗末な草たちということにもなる。「雑木」は、「雑多な木、用材にはならない木、炭や薪などにする木。ざつぼく・ぞうぼく」とされている。

英語では、牧草はgrassであり芝生はlawnであり芝地はturfであって、それ以外のweedsとは区別している。Weedを雑草と日本語に訳し、land overgrown with weedsで「雑草の生い茂った土地」といった用語法などとする。雑木に関しての英訳はmiscellaneous small trees「種々雑多な小木」であり、単語のcopse（英国ではcoppice）の和訳に「雑木林」を当てている。copseはa growth of（miscellaneous）trees「（種々雑多な）木々の茂み」で「小さな森」の意味もあって、動詞形では

「樹林・やぶなどの一部を伐採する」だ。ということはcopseは種類の違う樹木の集合であり、その点で混交林ということではあっても、日本語のように粗末だとか用材にならないとかとされる類《たぐい》の樹種の林という意味はない。むしろ日本語でそのようにいう粗雑・粗末な状態は、bush「低木や潅木(shrub)の茂み、叢林」の方が当てはまるような気がするが、bushにも雑多なや粗末なの意味はない。なお、heathは「(低木の茂った)荒野・荒地、荒野に自生するツツジ科の常緑低木」である。

ドイツ語では、unkrautが英語のweedにあたり和訳して雑草、雑木の独訳はminderwertige hölzとしているが、木材・薪・木製品のhölzに「粗悪な」や「劣等な」を意味する形容詞をつけて表現している。gehölzを和訳して雑木林とするが、単に木立や樹の意味もある。ちなみに野草はwilderautやwilde grasであり、最近はunkrautよりもこちらの方を使うことが多いということである。

フランス語では、diverses sortes d'herbesとして色々多様で異なった種類の草、mauvaises herbesとして粗悪で好まれない草などとして、これを日本語の雑草の仏訳とする。雑木にはtaillisをとるが、本来は低木の意味でありbois de petite talle小枝の多い木のことである。雑木林にbois de taillisを当てるが、これでも本来は低木林である。

このようにおおむね外国語では、多様な種類の混交を表す形容詞をつけた用語法となり、日本単語としての「雑草」「雑木」がしばしば授かるところの、粗雑で粗末な草木という捉え方はあまりなさそうだ。ところが、日本の伝統的園芸文化の一つである盆栽の世界でさえ、マツやツガやコノテガシワなどの常緑松柏類以外は、葉ものであれ花や実ものであれ全て雑木盆栽と称していて、カエデやケヤキやブナなどは立つ瀬がない。

「雑魚《ざこ》」というのは網にかかった魚のうち稚魚や幼魚などのことを指すが、食用にならないもの意外は食べるから、必ずしも粗末なものとは捉えられない。そもそも「雑魚場」というのは江戸時代以来、魚市場のことだから、さまざまな種類の魚が水揚げされ取引される所を意味し、粗雑で粗末な所ではなんらないのである。建築や土木においては、塀や擁壁や電柱や煙突などを雑工作物というが、それらだってそれぞれの存在意味があり粗末な物と言われる筋合いはない。このあたりにも「雑」という字を当てることのいいかげんさが表れており、括《くく》って言うに便利なようでなにか曖昧で不明瞭である。

彼らの嘆き

日本の近代的な植物分類学は、牧野富太郎博士（一八六二～一九五七年）の『日本植物志図篇』（第一巻は一八八八（明治二一）年）をもって始まりとし、それ以前には薬草を中心とする本草学としての植物研究はあったものの、野草全般については名前すらもなかったとされる。春の盛りに咲く可憐な花のベロニカは、外来の雑草とみなされてオオイヌノフグリという情けない和名をつけられているが、それでも名前は名前として今やきちんとあるのである。とすると日本ではいったい何時から、またどうして、大半の野草や樹木に対して粗雑で粗末なという観念が生まれたのだろうか。

大町桂月の生活誌風随筆作品に『雑木林』（一九〇七〔明治四〇〕年）があり、種々雑多見たまま思いつくままに書いたもので雑木林のようだから、とその序で標題の説明をしている。従って少なくとも明治末期には、既に「雑木」「雑木林」という言葉があったことになるけれども、桂月がいくら遜《へりくだ》ったとしても、まさか自分の随筆集を粗末な寄せ集めと思ってはいなかったことだろう。

さらに大きく遡《さかのぼ》って、一二〇〇年以上前の『万葉集』全二〇巻は、四五〇〇余首にのぼる歌の内容によって、消息を問い交わし男女の恋を詠みあう相聞歌、死者を悼み哀傷する挽歌、これら以外の宮廷関係や旅や自然・四季を愛でる雑歌《ぞうか》の三大部類となっている。ここでの「雑」歌はくさぐさのうたの意味であり、もちろんのことつまらないなどの意味はない。

イチョウは生きた化石とされるほどの地球史的時間を経てきた木なので、大切にしなければならず雑木とはしないなどとは言わない。ましてや（盆栽の世界は除いて）雑木であるとも言わない。木の種類は推測で世界一〇万種類以上で日本では一〇〇〇種類を数えるが、その中で特にヒノキやスギが上等でクヌギやコナラが下等であるとか、どれとどれが雑木であるとかいうような学問上の種類や分類があるわけではない。

未開社会の住民たちは、身近な植物や動物、鳥や昆虫などの名称を、数百から数千種もきちんと言うことができたという。子供でさえ樹の木質や皮、堅さや匂いなどの特徴から、それが何の木かを言い当てたとされる。このことは食用としての可能性や薬用としての有効性、あるいは用材としての効用性を見極めるための知識であるのだが、そうした日常性を超えて分類学とさえいえる体系を作りあげていた。

こうしたことからやはり雑草や雑木というのは、農牧などの生業に密着したところに生じた言葉であるに違いなく、そのことにおいて望まれない所に生える草木であるということに尽きる。米や野菜を育てる所において邪魔な存在であるというふうに、人間の側の、特に気候温暖で植生豊かな日本の私たちからみての、有用なものか無用なものか、害悪であるかそうでないか、場所をわきまえているかいないか、といった価値づけによって呼称されるようになったのだろう。

米や野菜以外に有益な草木とは何を指すかということになるが、日本林業技術協会編の『森林・林業百科辞典』（丸善）では、「雑木（林）」について「coppice（forest）　木材用途の主要樹種以外の材をいう。薪炭生産の薪炭材や落葉落枝などの採取のための農用材などが代表的なものである。さまざまな種類の広葉樹を主体に構成された里山二次林ということもできる」としている。つまり樹木については木材用途を別格にして、薪炭材や用具・家具材などとしての有用性の有無ということである。

クヌギ・コナラ類やシイ・カシ類は、薪炭以外にも用材として日本人の生活の中で大いに利用されてきたが、今やそれらも雑木と呼ばれる。里山の林を雑木林というが、それは昔も今もクヌギやコナラやエゴノキの混交林であって、用材や薪炭や堆肥として盛んに利用されてきた歴史からみて、粗雑で粗末であるとかにはまったくあたらない。山野草に関しても、例えば春や秋の七草はかつては食用や薬用であったのである。ところが今日では、利用できる有益な草木以外は単に雑草・雑木というふうに決めつける。彼らとしてはおおいに異議があることだろう。

雑草・雑木といってもかつてはおおいに利用されていたものも多いことから、それら自身やそのさまざまな混交において、粗雑で粗末なという意味は少なくとも積極的にはなかったと言ってよい。かつては有用・有益で大切にされたけれども、金属やコンクリート、プラスチックや化学合成品にとって替わられて、その有難味が忘れられたということである。農耕や牧畜において雑草や雑木は困りものといっても、そうした現場での見方や扱い方が一般化し、言葉の意味として比重を増して辞書の定義にまでなってしまった、と考えるのが妥当ではないだろうか。

色々なものの混交や区分しにくい集合や大まかさを表す「雑」と、主要部分以外の残りものや落ち度や欠点を表す「粗」とは本来は別々である。ところが「粗末」という先入観で接することを反映して、あるいは効用価値を重視する時代の価値観に沿って、国語辞典は「雑」にかかる意味の一つに「粗末な」を組み込んだ。そうした時代性によって意味内容があれこれ変わるものならば、例えば植林されて生長したにもかかわらず放置されているヒノキやスギの林は、雑木林というのかと反駁《はんばく》してみたくなるのである。有益や無益、大切や粗末といったことを排除しても、それでもまだ叢《くさむら》や混交林は「自然に生える色々な草木」、「名も知らない雑多な草木」と雑駁《ざっぱく》に括られてしまう。

私たちは草木をはじめ林や森に対して、いったいどのようなつき合い方や接し方をしようとするのであろうか。かつてツバキは、山の神の社の脇にオガタマノキ（招霊の木）などとともに植えられて、宗教心をもって眺められる存在であったが、いつの頃からか都会の庭木や公園樹となり、品種も増えて存在の意味を変えた。

また、古来のキクや伝来のダリアも、買ってきて花瓶刺しで楽しむということ以前に、季節の草花のなにがしかが乏しい時期に身近かなそれらを手折って仏前や墓に供える、という心情が先んずる花であった。「手向くるやむしりたがりし赤い花」という一茶の句は、この花が欲しいとむずかる可愛いわが子に対してさえも、仏に供える前には採って与えなかったことを表現している。存在価値の変化は時代の習いだとしても、今や雑草・雑木と呼ばれる野草や樹木は腹立たしがって嘆いているに違いない。

以上のことから私は、「雑草・雑木」という言葉を死語扱いにしたいくらいである。そこで以下では、草木についてはなるべく個々の具体名で呼び、それ以外でも雑草は「野草」か「叢」、雑木は「樹木」、雑木林は「混交林」と呼びたいと思う。植物学の分野では、同じ樹種だけの林は単層林、混合している場合は複層林というが、ここでは樹種相を問題にするわけではないので林相の状態を指して「混交林」である。

★草木とのつき合い

植物の居場所

私たちと草木とのつき合いは、有用・無用の価値以外にさまざまな形がある。さいたま市の盆栽村は、一九二四年（大正十四年）に関東大震災の難を逃れた一〇名ほどの業者が、北大宮の地に移り住んだことに始まったとされる。いったんおおいに繁盛したのちに今ではまたわずか七業者と少なくなっているが、日本有数の盆栽取引と技術を保っている。かつて東京都心の市ヶ谷に個人蒐集の盆栽美術館があった（栃木県下野市に移転）が、立川市にある国営昭和記念公園の日本庭園の一角にも、小規模ではあるけれども気軽に入ることができる、寄贈品を中心とした常設の盆栽園がある。

それらを訪れると、樹齢一〇〇年二〇〇年の五葉松や楓を始めとする様々な樹種の盆栽が、数センチメートルから数十センチメートルの小さく浅い鉢に仕立てられている。棚の上に居並ぶそれらは、その老成した幹の太さや枝葉の豊かさに比べて与えられた土の量が少なく、石つきともなればなおさらのことでその生育状態に驚く。日々の養生や毎年の植え替えなどの手入れがあってこそ、それらの樹はしっかりした細根を張り、新芽を出し緑葉を茂らせ、花も咲けば実も成らせるが、そのわずかな土と小さな居場所に生きる姿には感動さえする。

一〇〇年の間ほぼ毎日、季節によっては日に二回の水やりをするということは、約五万五〇〇〇回ほどの、おそらく三代にまたがる人の手が施されたということである。盆栽にかける人の執心と努力もさることながら、それに応える植物の生命力にも驚嘆する。太い幹に比べて短く細かい枝葉とその形状は、このような長期間の手入れによって様々に造形された結果であり、自然の姿にはほど遠くとも生命の一つの形を見出すことができる。ただし宮脇昭博士は、都市の周りにも緑が多かったかつての時代にあってこそ盆栽や箱庭も文化であり得たが、今日のような産業砂漠・都市砂漠とでもいうような都市環境の中では、飾り物に過ぎないのではないかと述べている。

庭づくりや果樹栽培における草木とのつき合い方も微妙で丁寧なものだ。そこでは摘むという行為が重視され、その対象によって摘芯、摘芽、摘蕾《てきらい》、摘花、摘果などという。その目的はそれぞれ、枝の充実や抑制を行なって木のバランスを整える（代表例としては松のミドリ摘み）、新芽を掻きとって枝葉にさせず樹形を保つ（幹吹きの不定芽どりなど）、つぼみや花を少なくして養分を集中させ大輪にする（例えばボタンの開花）、結実の数を調整して養分を集中させ果実を充実させる（例えばミカンの木では葉二五枚に実一個が目安）である。

これらと共に経験豊富で年季の入った庭師は、木を剪定するにあたって枝葉を切ることを「おろす」「はずす」「はさむ」と表現する。果樹に「切ってしまうぞ」と言って刃物をあてると、驚きあわててよく実るという俗説とは違って「切る」という言葉を使わず、木が生きものであり傷つき痛みを感じる存在であることへの理解をしめすのである。その方法も、よく手入れした鋭いハサミやノコギリでスパッと落して切り口の組織をつぶさず、大きな傷口は切り出しナイフで削って滑らかにした上で殺菌剤やロウの塗布をするなど、まるで外科手術のように行なう。

屋根を葺く萱は、ススキ科の大きな株立ち状になる尾花の枯れた茎・葉であるが、こうした萱や葦、時によっては麦で葺いた草葺き屋根において、風雨に対してより強固にするためにその棟の部分に、根のある土付き野芝を張ったものが芝棟である。さらにそれを固めるために、根張りがよく乾燥にも強いアヤメ類のイチハツやシダ類のイワヒバなどを乗せた家が、戦前までは各地方に多く存在した。東京近辺では、多摩地域の日野や五日市方面、ダム湖に沈んだ小河内村・丹波山村など、神奈川県では保土ヶ谷、北関東では埼玉県の比企地域、群馬県の長野原町や水上町、山梨県の八ヶ岳南麓の巨勢郡など、長野県では軽井沢町などで昭和五〇年代まで見られた。

芝棟に載せる草木は、他にはノカンゾウ・ヤブカンゾウ・ヤマユリ・オニユリ・イワギボウシ・ニラなどの球根性の草花が主なもので、中には鳥が種を運んだアマドコロや飛散種子の発芽によるコナラ・アカマツ・シラカンバ・ニシキギなどが生える家もあったという。屋根の雨仕舞いや補強という実用的な方策からではあったが、花の時期には屋根の上に花園が出現したわけである。こうした芝棟の家は、戦後の新建材の普及や生活様式の変化から急速に取り壊されて、現在ではほとんど見受けられない。それでも私が最近見かけたのは、奥多摩の東日原の集落の一軒や山梨県の増富温泉へ向かう街道筋の一軒、そして川崎市立日本民家園（川崎市多摩区）の中の一軒である。

東京銀座の老舗の百貨店前で、舗道コンクリートのわずか一センチメートルほどの隙間に一年前の春に芽を出したアオギリは、翌年の春から夏の生長期に一・五メートル、三メートルと伸びて、通行人が記念写真を撮るほどになった（二〇〇八年時点）。キリはタンスや下駄や箏《そう》（こと）などの用材となるが、生長が早く五、六年で一人前になるという。大きな葉をつけて一段と生長しそうなこのアオギリを、百貨店側がいつまでも許すかどうかが気にかかるところだ。

あるいは街中を歩いていると時として、ツタなどのツル性の植物が壁を一面に這ったり、大きくなった樹が屋根を覆ったりしている家を見かける。最近増えてきたヒートアイランド対策としての壁面・屋上の緑化とは違って、いかにも手入れはなされず植物は伸び放題であり、それらの中には廃屋もある。これらを都会の中での異端か郷愁かのように見立てた写真集もある。それは、家のまわりに植えた植物がついつい大きくなってしまったということなのだろうか、それともこのようにするために植えたのだろうかなどと、住んでいる人の心根を想像してみる。まさか、水木しげるの漫画のようなお化け屋敷を造ろうというわけでもないだろうから、それらが壁を這い屋根を覆うような生長の仕方を、竹をこよなく愛した良寛のように容認していることだけは確かである。

屋上緑化に関して知る人ぞ知るビルが、大東京のど真ん中のJR大森駅東口の広場角にあり、新聞などにも紹介された。一九六八年に建設された敷地約四〇坪のそのビルでは、防水・排水仕様の屋上にトラック三〇台分を要した約一〇〇トンという土を、厚さ六十センチメートルになるまで置きオーナーが野菜畑とした。そのうち次第にウメやユズ、キウイやブドウやカキなどの果樹が育ち、中には食べて吐き捨てた種や鳥が運んだ種からも芽吹いて、野菜畑どころか鬱蒼《うっそう》とした小さな森になってしまった。訪れてみると四階建のビルの屋上からは、樹木が頭上の空中へはみ出すのが見上げられる。急な訪問でありながら見学をお願いしたところ、取り込み中であることから丁重に断わられたが、高齢のオーナーからは「よく来てくれた、また別の機会に」と良寛のような笑顔で言われ、手作りの土産まで頂いて帰った。

このような人たちは、仮に敷地の広いお屋敷であっても庭木などをあれこれ剪定し形を整えたりすることよりも、草木があるがままに生育し、鬱蒼となって鳥も訪れ、見知らぬ下草や幼樹の混入もよしとして眺めるのではないだろうか。ただし近隣からは、日陰や落ち葉や鳥の糞について迷惑がられ文句を言われて、はては近所つき合いを断られることになるかも知れない。欧米では街中のこうした家はむしろ賞賛されるが、日本ではまず間違いなく非難の対象である。

なぜそうなるのかがかねてより疑問であったが、あれこれ考えた結果、それは私たちの、とくに現代都会人の経済活動や消費生活の果ての、自然への感性の喪失にあると断じたい。樹木なんぞは家のまわりに少しも必要でなく、邪魔に過ぎないとする態度が当り前のようになっていると思う。自然の友を失ったそのことが、あなた方の心の荒廃の原因になっていませんかと植物が言ったりすると、単純かつ大げさだとしてどれくらいの反論が出るだろうか。

対話日誌

近くの園芸店やDIYの店へ出向けば、西洋風ガーデニングの花、出窓やバルコニーのインテリアグリーン、家庭菜園の種子や苗が豊富に売られている。庭木の苗木や幼木にしても、かつての縁日の植木市や埼玉県安行や都下砂川や兵庫県宝塚などの生産地を訪れなくても、さまざまなものが手頃な価格で入手できる。そうしたところで買うのもよいけれども、マツバギクやツタ、ムクゲやクチナシ、ジンチョウゲやキョウチクトウなどならば新梢を採って土に挿せば根づくし、あるいは種子を少しいただいて蒔けば彼らのためですよと言うと、人になんと思われるであろうか。ましてやタンポポやカタバミやツユクサを道端から少しだけ持ち帰って、育ててつき合うのはどうですかと言うと、そんな小学校の園芸じみたことを、ということになるのであろうか。

多くの草木は本来、株分けや小枝の適切な挿し木などで殖える。雄株しか伝来せずに種子による実生増殖ができなかったイチョウのような樹木も、最初はこの方法で殖やされた。ただし、草木の挿し木や株分けや種子採取といっても、稀少種や他人地のものは採らないのは当然のこととして、それなりの心構えが必要だ。木については繁茂し勢い余る新梢、大量の飛散発芽の幼苗、野草であっても道端や荒地に豊富でいずれ刈り取られるものなどである。ある年のこと、挿し木や苗木の購入、草花の種蒔きや移植をすべて鉢やプランターで行ない、その植物の生長を観察してみたら次のような日々となった。

四月中旬のある日に、セイヨウタンポポ・タチツボスミレ・ムラサキケマン・ホトケノザ・カラスノエンドウ・ノゲシを群生する中からいただいて一株づつ植えてみた。春の野草としてはこの他にハルジオン・ニリンソウ・ノアザミ・ヤマブキソウ・フデリンドウ・カタバミなどが咲く。夏にはヒルガオ・オオマツヨイグサ・メマツヨイグサ・ワスレナグサ・ヤブカンゾウ、秋にはリュウノウギク・ノコンギク・アキノキリンソウ・ゲンノショウコなどが、道端や空地に見かける草花だ。

四月下旬には、アサガオ・マツバボタン・ダリア・グラジオラス・キキョウといった夏と秋咲きの種を蒔き、球根を植えた。樹木ではカクレミノ・キンモクセイ・ボケ・サンゴジュ・ハナミズキ・ツツジ・ベニカナメモチ・ツゲの新梢枝を挿し木してみた。他に挿し木が可能なものは、サツキ・クチナシ・サルスベリ・ウツギ・ムクゲ・グミ・アケビ・ヒイラギ・マサキなどであり、種子からの発芽ではイチョウ・コナラ・ハゼノキ・ケヤキなどである。

五月の連休に、ヒマワリ・ナデシコ・コスモスの種を蒔いた。四月に蒔いた分は少し時期が早かったのか、依然として芽が出て来ない。ミツバツツジ・ウツギ・レンギョウの挿し木をした。草花としては他にシャガ・レンゲ・ナノハナである。シャクナゲ（紅）の花つき、サクランボ（佐藤錦）の苗木を購入した。

五月中旬になると、蒔いた種の発芽状況はマツバボタン以外は順調である。挿し木の多くは葉が枯れてしまっているが、二週間程度ではまだあきらめることはできない。ミナガヒナゲシ・アカツメクサ・ハルノゲシを鉢植えし、フジの新梢の挿し木をしてみた。富有柿の幼木（二年もの）を購入し、自然発芽のイロハモミジの幼苗を密な生垣の隙間から救済した。

五月下旬の日に、モモ（大久保）の幼木と青色系のアジサイを買った。伸びだしたアサガオは専用プランターに移し替え、ダリアについては大鉢に移植した。再度、キンモクセイ・サンゴジュ・ハナミズキ・ツツジ・ベニカナメモチの挿し木をしてみた。近郊の民家よりクロチク一株を、また農家よりタチアオイ二株を譲り受けてきた。

六月中旬になって、クリ（丹波栗）、ブドウ（デラウェア）の幼木を購入し、近年都会でも野生で増えているタカサゴユリを大通りの道端から連れて帰った。豪勢な花をひと月近く楽しませてくれたシャクナゲの新梢が、勢いを増している。鉢替えした途端に、くたんとなってしまっていたアジサイとタチアオイが持ち直した。もう長いつき合いのブーゲンビリアを大鉢に植え替えてやる。挿し木がうまくいかなかったものは、時期が悪い、採り枝が悪い、土が悪い、水やりの過不足、置き場所や日当り・乾燥などが理由だと知り申しわけない気持ちになる。クロチクに新芽が出て、タチアオイが深紅の花（八重）を複数咲かせた。

六月下旬にはナツツバキとムクゲの幼木を購入した。クリは実らしきものをつけ、ブドウとブーゲンビリアはつるをどんどん伸ばしている。カキは一カ月たっても枝も葉もまるで伸びず、シャクナゲは葉を落とすので心配である。いくつかの花を開いた赤のタチアオイは茎が枯れてしまい、代わりに小株の方がピンクの花を二輪だけ咲かせた。

七月上旬にさらに、イチジク（日本種）・グミ（ダイオウ）・ザクロ（ジャンポプンカ）を仲間にした。ブルーベリー（ラビットアイ系ウッダート）とラズベリー（ファールゴールド）も買って一鉢に寄植えした。シャクナゲの葉落ちと、ユズの勢い回復のために根を点検してみる。ムクゲが始めて二輪だけ咲き、タチアオイは全て根株のみになってしまった。日照不足か過湿による根腐れである。

七月下旬にはナツツバキの葉落ちが激しく、レンギョウの挿し木をもう一度してみた。近隣の幼稚園跡地でのマンション工事の仮設塀沿いに、七月始め頃よりエンジュの幼苗がたくさん立ち上がり、場所的にかわいそうでもあるので二、三本を救済した。キンモクセイ・トサミズキ・シマザサを購入した。この頃、シャクナゲが完全に葉落ちしてしまった。五月の購入時から一月くらいの間、すばらしい花を咲かせてくれたのに残念だ。水やりの失敗か、開花時の微妙な時期の移し植えが原因だろう。

お盆休みにぶらりと行ったいつものＤＩＹの店で、またシモクレンの幼木を買ってしまった。ヤマブキ・ユキヤナギ・ボケ・ハギ（宮城野）の挿し木をしてみた。もうダメだと思っていたタチアオイの新芽が出てきた。アルカリ性土壌が好きなブドウ・カキ・ムクゲ・キンモクセイ・ツゲに石灰を施した。八重ヤマブキ・八重ムクゲ・エニシダ・サルスベリ・ツツジ・ベニカナメ・アセビ・スダジイの挿し木をした。近所の群生から少し頂いたタチツボスミレは、暑さに緑葉が完全に消えてしまった。

八月下旬になるとモモが生長盛んで、サクランボも最頂部の新芽が動き出した。またボケに新芽が現れたが、ナツツバキは完全に枯れてしまった。根をほぐしてみたら太い根が切ってあり、枯れたシャクナゲ同様に細根が土に固まってしまっていて、購入以前の園芸業者の細やかな手入れが見受けられない状態であった。いずれにしても鉢植え後の水やりがたたったようであり、たった二カ月のつき合いで傷ましく思う。サツキ、シャリンバイの挿し木をしてみた。イチジクは葉を一段と小さくして暑さに耐えている。お盆前に小枝を水挿しした斑入りのアオキは、切り口の少し上に白くポツポツした根らしきものが出てきた。ジンチョウゲ、キョウチクトウも水挿ししてみたが、キョウチクトウには毒があるので採った枝や花や葉を舐めてはいけない。

九月上旬にはモモの新梢が勢いよく伸び、背丈は一四〇センチメートルくらいになった。はじけるように多くの葉芽を出したサクランボは、新梢先端までが一三〇センチメートルくらいになった。八月に入ってから数多くの花を楽しませてくれたアサガオは、ここにきてさすがに下から黄色くなって葉落ちし、つるも枯れてきたので種を採ったうえで片づけてあげた。

九月下旬になって涼しくなると、突然にキンモクセイの花が咲いた。今年はどういうわけかキンモクセイがかつてなく満開で、この木の数が多い団地内はまるでキンモクセイ林であり香りが充満している。近くの公園のコナラの大木が根元から切られてしまった脇に小さな二枚葉の実生を見つけたが、不運な親の必死の世代継承である。春から秋へと花期が長いアベリア（ハナゾノツクバネウツギ）は、さすがに盛期を過ぎたがその徒長枝を数本挿し木した。

九月下旬から雨続きの日が多かったものの、一〇月下旬には晴天続きで暖かい日が続き、まだ二日に一回を目途に水やりをする。トサミズキが葉の縁を日焼けさせている以外は、みんな青々と元気だ。エンジュも育っているが、救済後しばらくしてあの工事塀脇の幼苗はきれいに伐根されてしまった。

一一月上旬にもなると、旺盛だったサクランボの葉も垂れてきた。それでもクリの木、モモの木ともども葉はまだ青々としている。田舎の法事に帰った際に、屋敷内のあちこちにあるナンテンのうちから子株を貰ってきた。水やりは四・五日に一回になった。アオキの水挿しの方は、小さなグラスの中で根をぐるりと回している。

一二月に入ってもなかなか散らなかった葉が、寒波にあって一斉に落ちるようになった。いくら暖かいバルコニーであるとはいえ大半は落葉樹であり、正月を迎える頃にはすっかり葉が落ちた。幹がまだ一、二センチメートル程度の太さしかない二年生や三年生の幼樹ばかりだから、正月休みの一日をあてて下枝はすべて切ってやり、伸びた新梢も三分の二ほどに切り詰めて寒肥をあげた。

二月になっても東京では一度も雪が降らず、このままいけば記録を更新する暖冬である。球根を植えなかったチューリップとヒヤシンスの鉢ものを買った。キイチゴのシュートがいっぱい芽出ししてきた。ボケの小さなつぼみが膨らみそうで膨らまず、花はまだまだである。トサミズキの花芽がつやつやと膨らんできた。切り戻したアジサイの茎から緑色の新葉が盛んに出てきた。

常緑樹のキンモクセイも新芽を吹かせてきた。ユキヤナギも緑の新芽をどんどん増やしている。正月に買ったシクラメンが、暖房する室内の窓辺でぐったりしてしまったので、あわててより涼しい北側の部屋に置き換える。下旬になってボケの花がとうとう開いた。買ってきたスイセンは、三つしかついていないけれども息の長い花を咲かせてくれている。やはりつぼみだったヒヤシンスも、急速に花開いて強い芳香を放っている。

三月に入って一転して寒くなり、雪の少なかった北陸などで大雪の日が続いた。トサミズキの黄色い花がたくさん開き、花序が垂れ下がっていく。わずかばかりのモモの花も膨らんできた。越冬したホトケノザやタンポポが勢いを増している。行きつけのＤＩＹの店で、ナシとシダレザクラの幼木をまた買ってしまった。

以上に登場した樹木は、購入時には一年もの（二年目）かせいぜい二年ものだから、背丈は一メートル前後かそれ以下が夏前の姿であった。その中で一番生長したのはザクロで、ひょろひょろした枝がどんどん上に伸びて、三カ月で約五〇センチメートル生長した。次はサクランボで、ビックリするような大きな葉をたくさんつけて、五カ月の間に上へ上へと約五〇センチメートル生長した。あと目立ったのはモモで、真夏は休止したが約四〇センチメートルの伸長である。ラズベリーも購入時の七月には小さかったシュートが、九月以降には親を追い越してさかんに伸びた。

これら以外は背が伸びたといっても、せいぜい一〇センチメートルほどであった。中には枝がまったく伸びず新しい葉も出さなかったイチジクやシモクレン、一枝だけがわずかに伸びて二枚だけの新葉をつけたカキがある。園芸の本によれば、カキは移植されたのちしばらくはまったく動かないともあったので心配はしていないが、それでも土壌が悪いか場所が乾燥しすぎかと思い悩む。

ずいぶん以前に、オリヅルランのプランターに飛んできた種子から育ったケヤキやイロハモミジもあるが、鉢植え後はしばらくは元気がなく、新葉をつけるもののそれが枯葉になったり病気になったりした。根が張って勢いがつけばどんどん枝を伸ばすだろう。

一方、毎日のように水をやっていたもののみるみるうちに元気をなくしていき、ついに枯死させてしまったシャクナゲとナツツバキにはすまない気持ちだ。水が多いのか少ないのか、根が詰っているのかいないのか、場所や日当りが悪いのか良いのか分からないままに、打つ手も打てず死なせてしまった。

四月になって日平均気温があがってくると、モモやサクランボなどの葉芽が開いて、購入直後とは比べものにならない勢いで伸び始めた。昨年は幼木なのにクリの実が三つなったが、まだイガの青い夏の間に落ちてしまった。いっぽうブルーベリーは一〇個ほど、ラズベリーは五個ほどの実を収穫して大切に食べさせていただいた。水や肥料や陽光の施しを間違えなければ、今年はそんな少量ではなくたくさんの果実をつけてくれそうで、ブドウについても目にかける。

五月に入って気がつかないうちにクロチクの竹の子二本が頭を出しており、二週間足らずで五五センチメートルも伸び先端に葉をのぞかせている。次の一週間でなんと一一五センチメートルも伸びて、背丈は一七〇センチメートルになった。このようにして植物とつき合うと、乾いた心の癒しや忙しくする日々に安寧が訪れる気がする。

丘陵地で

里山が新緑に息吹く頃に、ハイキングに行って目に映るひときわ鮮やかな花は、まずヤマツツジとヤマザクラ、そして次にはヤマフジである。夏山に登れば、短い一時に命限りと咲く高山植物の可憐さが感嘆ものだ。秋山を上から段々と染め下る紅葉は、また来たる春への挽歌である。もちろんこれら以外の身近な草木も、それなりに季節を彩っている。そこで付近の丘陵地を歩き、嫌われ者となっている叢と地位を貶められている混交林に接し、彼らの言い分に耳を傾けてみようと思いたった。

多摩川が武蔵野台地のへりを大きく曲がって南に向けて方向を変えるあたりに端を発して、西方に拡がる南多摩丘陵は東西に連なる背稜線である。万葉にも「赤駒を山野《やまの》に放し捕りかにて　多摩の横山徒歩《かし》ゆか遣《や》らむ」（馬を準備できなくて、夫を徒歩で防人に往かせた妻の悲歌）と詠われた「横山の道」があり、鎌倉街道や「絹の道」も横断交差する歴史的自然風土の地である。

今日ではその丘陵地の北半分は、稲城市から多摩市・八王子市にかけての多摩ニュータウンであり、南半分は川崎市から町田市の行政北辺区域で「東京における自然の保護と回復に関する条例」により

「図師小野路歴史環境保全地域」に指定されている。そこは鶴見川の源流丘陵域でもあって、計画決定されていた都市再生機構の小野路宅地開発事業や町田市の小山田区画整理事業が中止され、自然保全が約束された区域である。

かつて若き近藤勇が、修業のために遠く日野から通ったという名主小島（鹿之助）家のある宿《しゅく》という街道集落があり、近辺は谷戸・里山自然がすばらしいので季節を問わずよく歩く。樹木が茂る前は富士山が見えたに違いない小高い所にある浅間神社にまず寄ってから、クヌギやコナラの混交林の細い踏み分け道を辿って小野路城址に至る。秩父平氏の畠山有重が一一七一年に別当として当地に着任し、この近くの大泉寺に隣接する城山に小山田城を築き、ここ小野路城はその副城といわれる。

八王子城址に比べればはるかに小規模な砦状の山城であるが、都内の城址の中でも最も古いものの一つである。本丸を含む二つの郭とそれを囲む土塁、空濠（腰曲輪）からなっていて、まさしく兵《つわもの》どもの夢の跡だ。そこから尾根線を南に進み、山中に散在する民家の横（地名は台）を経て半沢の谷戸へ至る。春には田んぼのあぜ道に、レンゲやタンポポやスミレが多く咲く所で、いつまでもそのままであって欲しいといつも願う。いったん戻り、切通しの里山道を辿って竜沢の谷戸から都立「小山田緑地」へ向かう。ここも谷戸湿地と尾根丘陵の織りなす自然公園で、天気がよければ丹沢山系の全容が見える。

この南多摩丘陵がさらに西へと伸び稜線が複雑な山ヒダとなり、八王子を抜けた甲州街道が険峡な山脈にぶつかって小仏峠を経て甲州への渓谷道となる境に高尾山がある。成田山新勝寺、川崎大師平間寺とともに、関東の三大本山の一角である真言宗智山派の薬王院有喜寺をいただく山域である。参拝客やハイキングの人々で四季をたがわずにぎわい、自然探索ルートが縦横にあり、裏高尾陣馬山方面への約二〇キロメートルの縦走も可能で、新緑・紅葉の中の観察や体力トレーニングにも最適地である。

その手前のJR高尾駅から徒歩一〇分ほどの処にある多摩森林科学園は、森林・林業・木材産業に関する試験研究の施設で、一九二一年（大正一〇年）に宮内省帝室林野局林業試験場として開設された。総面積は五七ヘクタールでサクラ保存林、樹木園、果樹園、試験林などがある。園内には八つのコースがあって回遊でき、学習施設の「森の科学館」では研究成果の公開や森林講座を開講している。

面積約八ヘクタールのサクラ保存林は、日本のサクラの遺伝子を保存するために一九六六年（昭和四一年）に設置が決まり、以降各地のサクラ品種の収集や保存、研究を開始した。江戸時代から伝わる栽培品種や国の天然記念物に指定されたサクラのクローンなど二五〇品種、二〇〇〇本におよぶサクラが元気にしており、その開花時には一日数千人がひと目と思い会いに来る。

樹木園は、七ヘクタールの敷地に林業用の高木樹種を中心に約六二〇種、六〇〇〇本の樹木が植えられており、古いものは一五〇年以上経っているという。面積約四〇ヘクタールの試験林では、モミやスタジイ・アラカシなど暖帯林の常緑樹が優先し、ハリギリやカスミザクラなどの温帯林の落葉樹も見られ、天然林も残っている。自生植物も七〇〇種以上におよび、東京近郊の森林としては貴重な自然が保たれていて、季節折々に彼らと再会したくなる。

狭山丘陵は武蔵野の西北に位置し、埼玉県と東京都境にまたがる東西約一一キロメートル、南北約四キロメートルの里山丘陵地である。ちょうど多摩ニュータウン全体に近い形状と面積規模であり、狭山湖（山口貯水池）・多摩湖（村山貯水池）とその水源管理地があることから開発を免れ、混交林や谷戸・湿地の自然が残されている。東京都立「野山北・六道山公園」エリアと埼玉県立「緑の森博物館」エリアを中心に自然探索コースや施設も整備されており、初秋の一日に訪れてみた。

ＪＲ立川駅から箱根ヶ崎駅行きのバスに乗り　岸というバス停で下車し、御殿のような豪壮な民家を横に見ながら行くと、すぐに六道山公園エリアに至る。大きな敷地に蔵や納屋をともなった茅葺の里山民家が建っている。周辺は多くの案山子《かかし》に見守られた谷戸田で、ウルチ米やアカ米などの古代米が色づいている。このような風景が普通の時代には、混交林や野草も人々の日々の生活とともにあったのだ。

尾引山遊歩道から六道山に至ると展望台の上は、オオタカの登場を待つらしい大きな望遠レンズを構えた多数の野鳥観察者たちに占拠されていた。そこからは台地状でほとんど高低のない砂利道を木印を意味する御判立という地名の分岐まで行き、北にコースをとって埼玉県側の「緑の森博物館」エリアへ向かう。途中で敢えて山道状の踏み跡コースをとると、結局もとの狭山湖外周管理道に出てしまい仕方なくそのフェンス沿いに進む。

樹冠からさしこむ一条の木漏れ陽、風にきらめく木漏れ陽、霧と混ざりあう木漏れ陽などは、神々しく暖かく不思議な感慨と美的な感覚を呼びさます。森の下層木や下草は、その陽光を必死になって少しでも多く捉え、発芽や生長や結実の糧としている様子が分かる。周囲は広葉落葉樹中心の高木林であるが、下層にはアオキ・ヤツデ・シュロなどの低木と下草が盛んに繁茂している。

都会でも時に背の高いシュロを住宅の庭に見かけるが、比較的古い住宅地に多いことからいつ頃かの時期に流行したようである。シュロは高くなると一〇メートル近くにもなるが、枝を張らないので家の住人が代わっても切られないで生き残っている。ところが今日では、鳥などが運んだ種子からの実生によって、近郊の山林の中でたくましく繁殖しつつある。まだ低木の段階ながらアオキも同様であり、気候温暖化に沿って東北地方も含め、いずれシイやタブノキとともに落葉広葉樹林を凌駕するだろうと見なされている。それは彼らの無言の主張と行動である。

案内センターで展示を見て小休止の後に、大谷戸湿地を経て、雑木林広場や疎林広場と名づけられた区域を通り西久保湿地に出る。公園エリア入口に隣接する地区外には、古民家とはほど遠いけばけばしい家が建っており、色づく稲穂や案山子の里山風景は台無しである。草木たちからしても目ざわりなことだろう。このあと往路を東京都側に戻って、六地蔵から「野山北公園」エリアにある幾つかの炭焼き遺跡広場に寄ってから、武蔵村山市の循環バスに乗り上北台から多摩都市モノレールで立川へ帰る。歩行合計約九キロメートル、四時間半ほどの行程であったが、東京都側と埼玉県側を統合した地図の案内資料がなく、部分的なガイドとルートがなかなか一致しないので、下手をすると迷ってしまいそうである。

なお、この狭山丘陵では一九九〇年以降に「トトロの森」財団がナショナルトラスト運動を展開し、基金によって一から六号地の合計で一万三一二八平方メートルの森を取得している。ナショナルトラスト運動は一八九五年に英国において設立されたザ・ナショナルトラストが最初であり、自然の荒廃や開発などからみどりを守るために、土地を買取りまたは自治体に買取りを求め、あるいは土地の所有者からの遺贈・寄贈を受けるなどして、その土地を保全・再生し管理・公開する運動である。一九九二年に設立された社団法人の日本ナショナル・トラスト協会は、個別団体を束ねる会員総計約一七万人の全国団体で、所属団体が買取りまたは保全契約を結んでいる土地面積は総計約六六〇〇ヘクタールに及んでいる。そんな所の草木は、諸手をあげて喜んでいることだろう。

2 人間の都合

★生産や廃棄

モノの生産・消費

植物は、動かないでただ黙って生きているばかりではない。その生命力は逞しいし生き方の仕組みも見事で、独自の知性や感性さえもあると言えそうである。では万物の霊長であると自認し、理性や感性を備えているはずの私たちはどうだろうか。この地球上においても、これまでの歴史においても、あるいは日常生活や社会においても、ずいぶんと矛盾や愚かな問題を抱えこんでいる。植物たちにとっても、そんな人間には言いたいことが多いだろうと思うがどうであろうか。植物たちがこの先に申し立てたいことと関係があるので、ここで少しばかり私たちの都合の一面に触れておきたい。

火を使い言語を操ることができるようになった人類は、さらには道具を工夫して狩猟や採集をより確実にした。やがて牧畜や農耕の生産方法も得て次第に豊かになるとともに、生活の様式や行動の規範を確立してきた。考えることやモノを作ることが伝統や文化の萌芽をうながし、交易や宗教の伝播が村や街や都市の成立を促進した。しかし歴史の一時期より、有効・有益であるけれども無駄で害のあるモノも急速に作り始め、それは産業革命以降、とくに二〇世紀に入ってから顕著となった。生産は消費に従うと言いながら生産が先んじて邁進《まいしん》する、安くて大量をうたい文句に何でも作って売りに出す、さらに作っては余剰となれば捨てる、という市場原理を成立させた。それと並行して地球資源の濫用や公害の排出が伴うけれども、そうした成長経済は全世界が一致して目指すところとなっている。

大量生産・消費の社会にある私たちは、スーパーマーケットでカートに満載の買物をし、タンスとクロゼットには衣装を飾りためる。日本の多くの家庭ではつい買い込みすぎて、大型冷蔵庫には加工食品や野菜や果物、冷凍庫には冷凍食品やアイスクリームが詰め込まれる。奥の方では腐っているものまであり、調味料なども消費期限がとっくに過ぎて眠っている。たしかに食品の賞味期限は、例えば缶詰は三年を目途としているものの一〇年は食べられるといい、生卵も二週間であるけれども冬季なら二カ月程度は大丈夫とされる。しかしそうしたことは、早く食べてまた買い、食べ残せば捨てて買って欲しいので製造者も販売者もあまり知らしめない。

衣装も季節折々の色とりどりに揃えるが、中には買ってから一度しか着たことがないものもあり、不断はジーンズの洗いざらしばかりを愛用していたりする。かといって着なくなった服を処分するかといえば、もったいなくもあり浪費や散財への後ろめたさもあって、賞味期限切れの食品同様にそのままにしておく。

すぐに必要としないものまで買い込み蓄えるという消費スタイルに陥るのは、コマーシャルの眩惑や大量の製品に埋没する物欲感覚からだ。気安くあるいは焦るように自分の所有に走るのは、物質的に豊かすぎる環境に囲まれた場合の、モノの価値の忘却からでもある。あるいは、使わないモノを捨てないで保存するのは、いわば飢餓感の裏返しでもある。買うのも捨てるのも自分が決めることで、とやかく言われることはないといった態度もあって、作り商う側はそうした心理をよく把握し購買欲を煽《あお》る。

問題はそうした過度な所有・保存や消費・廃棄によって、生産者ともども資源節約や環境汚染などへの配慮が他人ごとになってしまうことだ。省資源・省エネルギーへの対処や環境負荷問題をいう時に、節約の念として「もったいない」という言葉が標語として復活している。よく考えてみればこの言葉は、忘却であれ飢餓感であれ人間の物欲にかかる言葉である。畏れ多いという意味もあるというならば、まだ「ありがたい」という言葉の方が、この世の生物・無生物への尊びと配慮の念がうかがえるということにならないだろうか。それにしても、分別収集やリサイクル以前にゴミとなるようなものをいかに作らないか、いかに買わないかが先決問題でありながら、生産・消費経済はお構いなく大量なモノを世に溢れさせる。

人間の発明や発見の中には、触媒のように自ら化学的に変化することなく、特定の化学反応を促進し新たな化合物を合成する働きをする物質、言い換えれば物質合成を可能にする化学反応の仲人役のような生産的なものも確かにある。アンモニアを合成する際の鉄触媒、石油から高分子樹脂を合成する際のチタン系触媒、水素と酸素から水を生じさせる際の白金黒《はっきんこく》などの高生産性のものもある。光触媒は光、特に紫外線があたった時に触媒反応が起こる物資をさし、その代表的な物質として二酸化チタンがある。今日では、大気や臭気や水道水などの生活環境分野での汚染防止や浄化などでも、触媒は活躍している。

しかし、例えば鉱物資源から作る鉄やガラスやセメントは、その原材料こそはこの地球に相当に豊富にあるものの、その製造過程では薪炭や石油などの火力を必要とし、総体としてはおおいに資源消費的なモノづくりだ。核分裂や核融合の発見と技術化は、科学の理《ことわり》にかなっていたかも知れないが安全の保障がなく核廃棄物処理技術がない。ましてやエネルギー手段としてではなく、まず戦争の武器になった時点でもう優等生にはなり得ない。

今日の世界の木材消費は、主として発展途上国地域での燃料用に使用される薪炭用材と、主として先進国地域での製材や合板および製紙原料などに使用される産業用材とに大別される。発展途上地域の森林破壊には、食料増産を開墾によって賄うことや、木を日常的に薪炭に使うといった人口増加と貧困が背景にある。急増する人口の食料確保のために拡大する農耕地や過度な牧畜によって、生態系が破壊され砂漠化が進むアフリカのサヘル地方、上流部での樹木の乱伐によって表層土壌や崩壊土砂の流出によって河口部が埋まり、毎年雨季になると洪水を繰り返すバングラディシュ、入植によって手取り早い焼畑に走り土壌が疲弊し収穫が減ると、そこは放棄されて荒地となり別なところがまた焼かれるインドネシアやアマゾンの熱帯雨林などの実態がある。

そもそも無尽蔵に思えた空気や水が、地域によっては不足となったり汚染されたりして、生活する上で困窮しあるいは健康面で苦しむ事態となっている。河川は枯れ掘削は深くなるばかりで住民の力では手に負えず、水源管理や水利施設建設に投資する国際資本があるようだが、それが救済の無償援助ではなく経済活動の一環ということになると、枯渇や汚染さえが商売にされているということである。このような形の環境ビジネスを生み出す以前に、動物の中でも究極の消費的存在である人間こそは、もっと他になすべきことがあるだろうと植物たちは見ている。

進化の過程で、または知性や理性を生かした発明・発見の歴史において、人間が当然に獲得すべきであったのは、太陽光と空気（酸素と窒素）と水（特に水素）を元にした物質やエネルギーの生産方法であっただろう、と教えてくれている。今日の資源消費型の商品生産ではなく、光・大気・水自体を最大限に利用し造られるモノ、それによって人間自身が生き、地球上の他の生物にもその余禄を与えるとともに、その引替えとして自分に足らないものを得る、ということでなければフェアではないじゃないかと言っている。

この地球上生命や生物生存の仕組みは、おおむねそのように進化してきたにもかかわらず、ひとり人間がそうなり得なかったのである。植物における無為の生産性である光合成に比べれば、動物においての必須の生体的化学反応、例えば消化作用や酵素の働きはなんと有為な消費性であることだろう。そのうえに、大気や水や自然環境を汚染し破壊し続ける存在であるわけだから罪深い。それに対して植物は、いちいち発明や発見などと騒がずに、光合成や窒素の同化作用と蓄積などを行なうのだから、たいしたものだろうとおおいに自慢したいだろう。人間をはじめ動物全体は、この地球上においては植物によって生かされている存在に過ぎないから、そのことをよく自覚しろとも言うかもしれない。

廃棄と汚染

かつてのモノづくりは自然素材をそのまま用いて作り、食材も採れたものをそのまま食べた。残飯などを捨てたとしても、自然の中で分解したり腐敗したりするものだった。一歩進んで、植物などの自然資源や原材料を分離し、あるいは集合させることによって衣料品や食品を作っても同様であった。しかし今日におけるモノは、例えば合成化学製品や加工食品のように、製造工程における混合あるいは合成が複雑でまるでブラックボックスだ。精製や防腐や検査などの安全措置が講じられるが、こと異物混入の防止や組成の分解や燃焼の手立てまでは、予め十分に講じられるわけではない。こうしたことを前提として、現代消費生活ではゴミは必ず発生しこの地上に溢れていく。商品となる以前の生産工程でも生じるから、それらが活発となるにつけ廃棄や投棄の量は大きくなるばかりである。

ゴミは収集され中間処理施設の焼却などを経て、最終的には山間部の埋立地や海洋投棄場（現在は原則禁止）などへ処分される。中間処理は安定化・無機化・無害化を目的として行なわれるが、廃棄物の中には埋立て処分後に安定する品目ばかりとは限らない。滲出遮水や地下水汚濁防止やガス発生防止などの維持管理がなされる必要もある。その方法にはさまざまな技術があるが、世界的には開発途上国・新興工業国・旧東欧諸国などを中心に、こうした処分の方法や管理が確立されておらず、中間処理のないままに埋立てや低利用地での積み上げ、野焼きなどとする初歩的処理の国々が多いとされる。

フィリピンのマニラ首都圏や大都市のケソン市では高温焼却炉の導入を見合わせ、ながらくゴミ処理を開放積み上げ方式としてきた。一九五〇年代から積み上がったマニラ市トンド地区のゴミは、八〇年代には自然発火によってくすぶる広さ二一ヘクタール、高さ三〇メートルのスモーキー・マウンテンとなった。また六〇年代以降のケソン市のパヤタス・ダンプサイトの方は、谷あいがゴミで埋められてスモーキー・バレーとも呼ばれた。これらの周辺は、ガラス瓶・アルミ・鉄などを拾って換金し生活する人々のスラム街となっていた。二〇〇〇年七月には降り続いた豪雨によって崩壊流出し、二百数十人とも四百人ともいわれる住民が犠牲になった。

イタリア南部において最大であり、国際的な観光都市であるナポリ市内では、ゴミ収集箱があふれ路上にゴミ袋がうずたかく散乱した。二〇〇八年に入って、ゴミ放置に怒った市民が未回収ゴミで築いたバリケードで抗議の道路封鎖をし、放火事件まで起こって非常事態宣言が出された。軍の派遣や全国からの大規模なボランティアによる分別回収の支援がなされたが、中心街のゴミが郊外に移されただけという事態になっているという。このようなことになったのは、すでに一〇年以上も前から生活ゴミの処理問題が発生していたところへ、処理事業を請負っていた企業が資金難を理由に二〇〇〇年以来停止してしまい、いっそう追いつかなくなったためとされる。ナポリがあるカンパニア州では、ゴミ処理施設七カ所のどれもが稼働せず、日に七五〇〇トンの州内のゴミが積み上げられていく（二〇〇八年九月現在）。『イタリア紀行』を著わしたゲーテが、今日訪れるとしたらこれをどのように見て記述するだろうか。

遺跡発掘により考古学上の貴重な資料を提供する集中ゴミ捨て場が見出され、都市遺跡の一部には立派に整備された下水道施設が発掘されている。しかし西欧の都市、たとえばギリシャやローマ時代などの古代文明都市でもゴミ処分に苦労し、中世のみならず近世に至っても屎尿さえも投棄されるものだった。郊外や川は当然として、ひどい場合はアパートの窓から道に投げ捨てられるので街中は汚物で溢れたという。それに餌づくネズミや害虫が伝染病を媒介して、一八三一年にヨーロッパでコレラが大流行した。これを契機として下水道の建設が始まり、ロンドンは一八五二年、パリが一八七〇年、ニューヨークも一八五七年に完成している。

日本においては多雨で川がよく流れ海も身近にあって、やはりゴミはそこらへおおいに投棄されてきた。都市といっても、城壁で囲まれた西欧のそれとは違って集積は低密度で、外界の自然環境との界域が曖昧であるために、下水道についても近年まで十分なものとはなり得なかった。最盛期には一〇〇万人の人口を超えたとされる江戸において、近郊の農家が農耕肥料とする屎尿を引き取りに廻るという処理方法がそのことを端的に物語る。一八七七年にやはりコレラが流行したが、一部で下水道が完成したのは一九二二年になってからのことであり、地方の都市部に完備するまでにはさらに時間を要した。

こうした歴史の積み重ねがあるものの今日のわが国の大都市人口密集地にあっては、ゴミ処分場の確保がますます困難となってきている。日本でのゴミの発生量は、一般廃棄物である家庭ゴミが年間に約五〇〇〇万トンで一人一日あたり約一キログラム、事業・産業廃棄物が年間に約四億トンとされる。資源量使用換算ではこれら合計の四倍に相当するといい、それらを地方の自然環境につけ回す構図になっている。不法投棄が全国で約三〇万から四〇万トンもあるとされ、公害等調整委員会の調査によると、年々増加する不法投棄に関する苦情は一万数千件もあって、主としてビニール袋入りの家庭生ゴミの廃棄が全体の約七四％にものぼっている。

不法投棄について大規模でその経過が困難を極めた有名な事例として、香川県豊島《てしま》や岩手・青森県境の民間産業廃棄物処分事業者による事件がある。豊島は漁業と鎌倉時代以来の石灯籠の原石場、キリスト教社会運動家の賀川豊彦による孤児院「神愛館」で知られる瀬戸内海に浮かぶ小島である。一九八〇年代にこの島に大量の産業廃棄物が搬入され、不法投棄や野焼きが行なわれた。その内容はシュレッダーダスト・廃油・汚泥などで、土壌汚染も含め約五〇万立方メートル、五六万トン、分布面積七ヘクタールにおよんだ。

岩手県二戸市と青森県三戸郡田子町にまたがる原野二七ヘクタールにおいて、青森県と埼玉県の産業廃棄物処理業二者が一九九八年以前より、燃え殻・汚泥・廃油・廃プラスチックなどや可燃性廃棄物の圧縮固形物などの約六七万立方メートル、約一九万トンにおよぶ投棄を行なった。堆肥化中間処理業の許可であったにもかかわらず五年間にわたって不法投棄を続け、周辺住民の苦情などによって発覚し、調査により事業の全停止処分、警察の強制捜査による廃棄物処理法違反、投棄廃棄物の撤去措置命令、業者の破産や代表者死亡による免訴という経過となった。その後、二業者による廃棄物の撤去および周辺環境への汚染拡散防止策の措置の見込みがないことから、県による代執行が講じられることになった。植物や野生の動物たちの世界においては、このような馬鹿げた事態は決して起らない。

これらの他に土壌汚染や地下水・湖水汚染、海洋漂流・漂着ゴミ、最終処分先が定まらない放射性廃棄物問題などがあって、人間による廃棄物の内容には枚挙のいとまがない。廃棄物の発生量の増加や処理費用の高騰、自国内規制の強化や移動先地域における有価物質回収の要件がからまって、有害廃棄物さえもが国を越えて移動し、アフリカや南米の自然さえも汚し壊していく。そもそもゴミを大量に発生させる現代生活や生産行為が問題であるところから、発生抑制策としてゴミ収集の有料化などの政策を講ずる自治体が増え、また品物の再利用（リユース）や稀少金属などを採取する再資源化（リサイクル）が増えてはいるが、その費用対効果に疑問を呈する向きもある。

生産台数がピーク時に年間一〇〇〇万台にも達した日本の自動車産業は、海外輸出も年間五〇〇万台から六〇〇万台ともなった。国内では三年や五年で新車に乗り換えられて、下取りに出された車が中古車市場に溢れかえっているが、その中古自動車の海外輸出は年間一〇〇万台ほどとされる。これらは最終的には有害物質も含めてその現地で廃棄物となり、その環境に何らかの影響を及ぼすことは必至であるから日本の産業廃棄の海外処理ともいえる。パルプや建材の大量輸入による海外の緑資源の食い潰しと合わせて、往復の他国環境の破壊でもある。

そもそも人間は生きていくうえで、成人にして一日に約二五〇〇キロカロリーとなる食事を摂取する必要があるが、その成分（炭水化物、脂質、タンパク質など）を酸化するために呼吸によって一日に約五〇〇リットルの酸素を吸収する。その際にほぼ当量の二酸化炭素が吐き出されるが、これは地球環境科学で用いられる炭素重量でいえば二六七グラムに相当する。一人・年間では九七・五キログラムであり、現在（二〇〇八年十月）の世界人口六七・三億人では、年間六億五六〇〇万トンの炭素に相当する二酸化炭素を地球大気に放出している。

いっぽう地球の陸上・海中の光合成生物によって、年間一二二六億トンの炭素に相当する二酸化炭素が固定される。人間の呼吸によって出す量はこれに対して〇・五三パーセントであり、その限りではわずかである。ただし地球上の人間以外の多くの生物のことを忘れてはいけない。人間はもとより動物は呼吸によって酸素を吸収し二酸化酸素を放出するが、植物も同様に酸素を吸収して二酸化炭素を放出していることはあまり認識されていない。光合成の炭酸同化作用とは別に、同じ生物であるからには呼吸するのである。生物全体のこうした呼吸による炭酸ガスの排出を合計すると年間一一九六億トンの炭素量と推定されている。つまり年間あたりの光合成による炭素固定量というのは、ほぼ全生物によって放出される普段の二酸化炭素量であり、地球総体の生物進化のうえからそのようにバランスが保たれて大気の組成は安定していたのである。

地球自然界における二酸化炭素濃度は、腐敗・分解による気化、海洋における溶融や気化と、植物光合成による炭素固定とが出入りのバランスを保っていた。ところが、人間の産業活動の発展や消費生活の向上、特に産業革命以降に化石燃料を大量に燃やすことによって二酸化炭素を大量に放出するようになり、今日では炭素換算値で年間あたり五二億トンもの上乗せ放出を行なってこのバランスを崩している。

現実的には森林が伐採・破壊されて光合成機能のもとを断ち酸素を減らす、温暖化による海水温度の上昇によってガスの溶け込みよりも気化が上まわる、地表は砂漠化や都市化したりするなどによって、一層の炭素循環の崩壊が進んでいる。日本に限ってみても年間一人当たり約一〇トンの炭素量の放出とされ、呼吸放出量の一〇〇倍以上である。世界人口のすべてがこのような消費エネルギー増をともなう生活を目指し、食糧増産や薪炭燃料化や木材需要などによって森林も伐採・破壊されるばかりで、二酸化炭素放出量は減少する植物光合成固定量を上回っていく。

このようにゴミやガスの地球自然への過剰な放出が、過去においても現代にあっても人間の活動と生活の生理のようにしてなされる。植物から言わせれば、ただでさえ酸性雨のシャワーや黄砂などを浴びせられる上に、いかにも欠陥のある科学技術や生産方法を反映して、組成分解がされにくく燃やすにも有害かつ困難なままの廃棄物が、自然の中に堆積されるのははなはだ迷惑なことだ。人間が直ちに発明・発見すべきことは、植物の生成や分解の仕組みに学び、せめて化学合成で造りだす物質くらいは、自ら分解し自然界へ穏やかに戻るというような、菌類が行なう高度な方法や技術だろう。ところが現実には、無形の有毒物質や温暖化ガスなどの排出も含めて、相変わらず地球環境を汚し毒するばかりの人間だから、植物たちはしかめっ面をするしかない。

美徳な食欲

草や葉っぱをはむ草食動物とか花や実に群がる昆虫や鳥とかを見て、人間が自らも試しつつ菜食や果食の範囲を拡大してきただろうことは想像にかたくない。保存の方法を工夫するうちに季節が変われればそれらの芽だしがあることを知って、穀物や野菜や果樹の栽培に至ったことについてもである。当てにならない動物の群れの通過を待つよりも、その一部を生け捕りにして家畜化するのと同様に、農耕の知恵と工夫は自然と共に生きる上で必然的な到達だったであろう。温暖な気候風土と海洋において、古来より狩猟・採集や漁労の生業を営み様々で豊富な可食物を食べてきた私たちの祖先は、稲作農耕によって安定的な主食を得たのである。

やがてそうした生産物も、素材そのものとしてせいぜい悪抜きや過熱をして食するのではなく、さまざまに調理し味や食感を追求して食べるようになり、それが保存の工夫と相まって調味料や加工食品となり、歴史ある食生活の根幹となった。とはいえ、他の五穀や山野草や動物を食べなくなったわけでもなく、春・秋の七草の風習や魚好きとされる国民性はつい最近まで継承されてきたとおりである。そもそも米が不作・不足となれば、ムギやソバ、アワやヒエ、イモ類などの穀類を主食とし、塩干物などを副食として生きてきたのは、それほど遠くない最近までの食糧事情であった。百科事典のように分厚く箱入りの料理本には、ワラビやセリとともにタンポポ・アカザ・ハコベ・ホトケノザ（タビラコ）の料理方法がきちんと載っている。植物である米や五穀、野菜や果物、海藻類などの食事は、栄養や味覚、農耕技術やその伝統とともに私たちの食文化であり、生活観や自然観を左右してきた。

ところが消費生活の肥大とともに、食づくりは自家の台所でなされるのではなく工場からスーパーマーケット、冷蔵庫から食卓へという生産・流通と消費に変わってしまった。便利で簡単とは言うけれどもそれと引き換えに、加工度が高まれば高まるほど添加物にまみれ、長期保存が利くものほど保存剤に浸った食品ばかりとなっている。日々に口にする食パンさえが、あるいは喉を潤す飲料さえもがさまざまな化成物質を含んでおり、素材が主なのか従なのか得体が知れない食品があふれている。素材とされた植物や動物にしてみれば、命を奪われた後々までもホルマリン漬けの標本のごとく、薬品漬けのままに人間の胃液に消化されるのを待つのであるが、どうせなら元の旨味のままに早く喰ってくれと言いたいことだろう。

今日ではパンと肉が中心の食生活である。とはいえ肉食自体が食の伝統の中になかったわけではない。獣肉食については、すでに『日本書紀』において天武天皇が犬・牛・馬・猿・鶏の「肉食禁止令」（六七五年）を発したことが記されており、その後も元正天皇が「殺生禁断・放鳥獣」（七二一年）、聖武天皇が「殺生禁断」（七二五年）、さらに「牛馬の屠殺禁止」（七三六年）、孝謙天皇が「殺生禁断」（七五二年）の詔を宣下するなど、肉食禁止令はたびたび出された。このような御触れが出ることは、逆に庶民の間での獣肉食が盛んであったことを裏づけるものである。

仏教や神道が世に浸透した平安時代の後期になると、崇徳天皇が「天下殺生の禁止・魚網の放棄・放鳥」（一一二七年）と、「狩猟禁止」（一一三〇年）、この後も後鳥羽天皇が「諸国殺生禁断」（一一八八年）の詔《みことのり》を下している。大乗仏教では肉食そのものが禁止されたため、中国から日本までの仏教文化圏では菜食料理が発達して、鎌倉時代以降の禅宗では特に精進料理が発達し、身体を酷使して塩分を欲する武士や民衆さえにも浸透した。

しかし一六世紀末になると来日宣教師のルイス・フロイス（一五三二～九七年）が、日本人は犬・猫・猿・鶴、生の海草などを食べるとの記録を残しており、安土桃山時代の在日フランス人宣教師のジアン・クラセ（一六一八～九二年）による本国への書簡や報告書を編纂《へんさん》した『日本西教史』（一七一五年、フランス刊行）でも、当時の日本では魚肉や獣肉は食すが牛・豚・羊は食べず、牛乳を飲むのも生血を吸うようだといって用いないとの記述がある。

江戸時代に入って、山海河川の狩猟物や野菜などの素材と料理法をまとめた『料理物語』（一六四三年）には、鹿・兎は汁やいり焼、猪・狸は汁や田楽、熊は吸い物や田楽、カワウソ・犬は吸い物にして食すとして記されている。文物や世事に関する博物的随筆集の『松屋筆記』（一八一五年）にも、「文化・文政年間より江戸に獣肉を売る店多く、高家近侍の士もこれを食べる者がおり、猪の肉を山鯨、鹿の肉を紅葉と称す。熊・狼・狸・鼬《いたち》・木鼠・猿なども食べられおるのは、哀しむべし、嘆くべし」と記している。

十四代将軍家茂の時代には「鳥は鶉《うずら》や雁の外は一切用いず、獣肉は兎の外は一切用いず」との記録がある。その一方で、天明から嘉永年間（一七八一～一八五三年）には、彦根城主から寒中見舞として牛肉の味噌漬が将軍家に献上されている記録があるといい、幕末の京都三条河原に「すき焼き屋」、近江の宿場町に「薬種・江州彦根生製牛肉漬」の看板もあって、明治の文明開化以前にも街中で薬餌として牛肉は食されていたとされる。富国強兵策のもとでの体力増強の必要性からか、明治五年（一八七二年）には天皇陛下が肉を食べたと公表されたという。

このように古代から近代社会に至るまで、仏教の教えに従って肉食は避けられてきたという通念とは異なり、イスラム教やヒンドゥー教のように特定の動物に対するタブーも持たず、私たちの先祖は結構肉を食べてきた。たしかに狩猟を中心とする食肉までも禁止することは、食物連鎖の頂点に立つ人間にとってはそもそも不自然なことだったと言える。

ところが今日では、オランダ原産であり改良が重ねられて乳量が多いホルスタイン牛は、世界一二八カ国で飼育されるほどに広まって、今日に肉食といえばこうした世界的な畜産による牛肉が主体であることは言うに及ばない。牧畜においては、ウシであれば一〇〇グラムの肉を得るのにその一〇倍ほどの穀物を必要とし、またそれに要する牧草地のための森林破壊などがある。

全地球での牧草地面積は三三七〇万平方キロメートル、地球陸地面積に対して二二・六パーセントであり、農耕地率が約一〇パーセントであることをみれば、いかに牧畜が面積を費やしているかが分かる。農耕生産物が人間の食料となる前に、家畜の飼料となるような肉を主食とする世界諸国の牧畜は、地球レベルの食糧問題においておおいに問題がある。そのうえ過食のあげくの肥満であるが、ハンバーガー王国の米国では国民の多くが超がつく肥満体となって、その生産・販売者を相手とする損害賠償裁判が起きる始末である。

かたや年間八〇〇〇万人の世界人口増加を下支えするナイジェリア・エチオピア・インド・パキスタンなどでの高い出生率、耕地不足と食糧難、貧困・疫病と難民化、などの決して自然災害ではない社会的被災が発展途上国を中心にとどまるところを知らない。牧畜・農耕や生活のための河川や地下の用水が枯渇するそれらの国々の飢餓をよそに、飽食の先進国や豊かな中近東の国々は食料を輸入するが、その生産一トンには一〇〇〇トンの水が必要であるという不均衡や矛盾がある。

人間活動による資源消費と自然の生産能力とを比較して、地球の環境容量の有無や過不足をみる新しい指標として、エコロジカル・フットプリント（ecological footprint、以下EFと略す）がある。定義は「ある特定の地域の経済活動、またはある特定の物質水準の生活を営む人々の消費活動を、永続的に支えるために必要とされる生産可能な土地および水域面積の合計」である。カナダのウィリアム・リースとマティス・ワケナゲルにより一九九〇年代初期に提唱され、「人間活動が地球環境を踏みつけにした足跡」という比喩から名づけられた。EFは人間活動が環境に与える消費的負荷に関して、資源の再生産および廃棄物の浄化に必要となる面積として捉えた数値であり、生活を維持するのに必要な一人当たりの陸地および水域の面積でもある。

ここで言う自然の生産能力というのは、食糧生産のための耕作地、牧畜用の牧草地、漁業資源の海洋・淡水域、木材・紙原料の森林、また、排出される二酸化炭素を光合成で吸収するのに必要な面積としての二酸化炭素吸収地（自国内排出分、海外排出分）、原子力発電の同換算値、生産能力の阻害地である住居や社会的インフラなどの構造物占有地として積み上げる。数値の単位として、気候風土や土地利用形態によって生産性が異なっているのでその差異を補正し標準化して、世界の平均的な自然の生産能力の土地一ヘクタールであるグローバルヘクタール（gha）とする。国民一人当たり、米国は五・三、イギリスは一・六、中国は一・〇、日本は〇・七ghaである。

一方、資源消費は米国が九・六、イギリスは五・六、中国は一・六ghaなどであり、米国は〇・八であるインドの一二倍であって、概して先進諸国で大きく発展途上国で小さい。日本は四・四であって自然の生産能力に対して大幅な超過であり、全体消費EFは現在人口によれば五億六二〇〇万ghaとなるが、実際の国土面積の三七八〇万ヘクタールに対して一五倍相当のボリュームである。

世界的には二〇〇三年時点で、一人当たり平均の資源消費量は二・二ghaに対して自然生産能力は一・八ghaであり、消費が生産能力を二〇パーセント強も上回る状態となっている。生産能力が上回る国は先進国ではカナダ・ロシア・ブラジルであり、その数は多くはない。人口に比べて国土が大きく森林も多い国が有利になりそうである、そうでない国やそもそも自給自足ができるほどの生物生産力を持っておらず貿易に頼っている国がある、技術革新によって生物生産力や環境収容力も向上させることができるのではないか、といった批判もある。それに対しては、すべての人間活動を計算に入れてはいないことを認めたうえで、変化対応ではなく時点分析の指標であること、技術革新は生産能力を向上させると同時にその社会の消費や人口も増加させることになるなどから、ＥＦの過不足は環境負荷と持続可能性への警告の指標となる点で有効であるとされている。

ルドルフ・シェーンハイマー（一八九八〜一九四一年）は、彼以前の生体代謝研究に関して「ガム販売機にペニー銅貨を入れたらガムが出てくるので、銅がガムに変わったと主張するに等しい」（ペニーガム法）とまで批判して、独自の代謝実験で得た結果から一九三七年に「動的平衡」という理論を発表した。重窒素を挿入した消化分解タンパク質であるアミノ酸をマーカーとして体内流動を解析した結果、食物中の分子とそれを受け入れる生体のタンパク分子は、エネルギーとして燃やされる以上に絶えず入れ替わり続けている、という事実を見出したのである。マウスによる追跡実験では、生体の蛋白質は三日間のうちにその約半分が食餌由来のアミノ酸によって置き換えられ、もともとあった分は体外に排出されていたという。

過剰に摂取した分はそのまま蓄積され保持されると見なされていた脂肪も、大勢としてはこのように流動しており、生体分子学のうえでは今日の自分は昨日の自分ではないということになるのである。生命そのものについてさえも代謝の持続的維持ということであり、この動態的平衡こそが生命の真の姿であるという生命観になる。私たちが生体的にこのような存在であれば、野菜では栄養がつかないといって肉を食べ、お腹いっぱいに食べてもさらに味を変えて食べ、ついには吐いてでもまだ食べるなどということまでする人間の食の本能は、一体どこに生じるのかということになる。根から水分や養分をたっぷり吸い上げる食事をした後に、まだ甘いものを胃につめこんだり、食事のあい間にガムをかんだりするようなものは、幾あまたの植物といえども決していない。植物の独立栄養による生命維持の明快さに比べて、人間はあまりにも不可解ではないかと思う。

こうした人類の食欲が、地球生物界の食物連鎖の一員として野生の動植物や魚類によって満たされる範囲ならば問題はなかったし、人口増にも一定の歯止めがあったことであろう。しかし人間は牧畜や農耕や漁労という手段を獲得して、自らの食糧事情をコントロールするようになり人口も激増させた。自然の食物連鎖からの逸脱は大地の占用・占有を必要とし、森林を拓いて破壊し、海洋さえも縄張りにした。植物や動物たちからすれば、人間が自然界の一員のままでいてさえしてくれれば、このように多くの仲間の絶滅はなかったし、いま自分たちの連鎖や共生が危ういということもないと、うらめしく憤りに思っていることだろう。

★人間と自然

草花の愛好

思考において蓄積された知識をうまく活用でき、判断に当たって的確な認識によることができると、すばらしい知性があると言う。事柄に対して天性の意識と特質でもって確実にあたることを、しっかりした心性があると言う。研ぎ澄まされた情感によって、外界についての印象を直感的に鋭く汲み取ることができることを、豊かな感性があると言う。言い換えれば、知性の源泉は知覚から形成される認識や知識、心性の誘発は鍛錬された精神の意志や意識、感性の背景は鋭敏な感覚に裏打ちされた感情ということになる。人間はそれらを有しうる特性を持っている。そこで、音楽的感性や美術的感性といった個々人の資質にかかわる側面はさしおいて、自然に対する身近な感受性とでもいうべきことについて考えてみよう。

芸術はフランス、医学はドイツ、軍隊にしても海軍がフランス、陸軍は始めフランス転じてプロイセン（第一次大戦後はドイツ共和国の一州、第二次大戦後は東ドイツ・ポーランド・ソ連に分割）、戦後のビジネスはアングロサクソンもしくはアメリカ一辺倒とされるように、私たちは明治以来の舶来文化や輸入文物には、軍隊の是非は別としておおいに便宜を授かってきた。いやそれ以前の歴史時代から何でもおおらかに受け入れてきた日本は、今日でもほぼ無制限に受け入れて変質を続けるという社会特性を持っている。

服飾ひとつにしてもその様式の多様さは、民族衣装が普段着である人たちが見れば豊かであると羨ましがる前に、まず驚き次にその無節操さに呆れるのではないかと思うほどだ。食習慣や食事内容も、肉やジャガイモを食べ続けるような国の民とは違って、和・洋・中からエスニックまでの料理が混在し、私たちは世界に例をみないほどに多くの種類の食事を取る民族である。

それを衣食文化の豊かさなどと肯定的に捉えることが多いけれども、その多様性の中に通底する文化が見出されるわけでもなく、衣食に対する感受性のあり方として捉えてみれば、これは一種異様な状態と思わざるをえない。今や自らの伝統や様式の喪失や崩壊が急速に進むことに不感症な時代であるから、これらの状況にも変に納得してしまいそうだ。しかし、地球の一端には多くの飢餓民がいる一方での飽衣食といった倫理的な問題からしても、四季を通じて自然の恵みをなんでも食べてきた石器時代以来の民族性のせいだ、などと達観してみせることはとてもできない。

似たような傾向は草木の愛好においても見られる。園芸店にはありとあらゆる色と形の外来種の草花が並ぶ。あまりにも種類が多いので、もはや以前のようにいちいち和名をつけたりされずに、舌を噛みそうなカタカナ名のままに溢れている。それらが日本中で見られるようになっても、もはや帰化植物とは言われない。むしろそうした品種を好んで求めるので、菫（スミレ）や菖蒲（アヤメ）、女郎花（オミナエシ）や菊（キク）は片隅で寂しがっている。

この温暖湿潤な気候風土へは、放っておいても多くの外来植物がやってきた。帰化植物というのは海外交易以来の四世紀以降のものとして特定されるが、今日においておおいに身近である草花のうち、アサガオは一〇世紀頃に薬用として、ゲンゲ（レンゲソウ）は江戸時代以前に、ゼニアオイは江戸時代にもたらされた。ヒナゲシ・ハナダイコン・シロツメクサ・タマスダレ・カタバミ・ハナニラ・マツヨイグサ・オオイヌノフグリ・セイヨウタンポポ・ホテイアオイなどや、雑草として嫌われるブタクサ・アレチノギク・ヒメムカシヨモギ・ヒメジョオン・ハルジオンなどは、文明開化となった明治時代以降に渡来したが、今や日本の気候・風土にすっかりなじんでいる。

そして、百日紅《ひゃくじつこう》（サルスベリ）や千日草（千日紅）などの、名前からして長日月にわたって咲く花の流行の頃から、折々の季節感や今咲くかもう散ってしまったかなどという愛惜の情は、無縁なものとなってしまった。かといってそれを彼らのせいにするとすれば、彼らはおおいに迷惑なことだろう。

北海道や高地を除き、大半がシイ類やカシ類やタブノキが潜在自然植生である気候風土でありながら、北海道の緯度に位置するニューヨークやパリに多いプラタナスやスズカケノキ、ユリノキやアメリカハナミズキを植える。かの地ではこれらの木が本来植生の樹種であり、冬には落葉してしまって街に潤いがないということからヒマラヤスギが植えられたりする。このような地域のものと同じ樹を人工的に植えて、個性があり雰囲気があるなどと愛でることを、その地から訪れた人々に訝《いぶか》しがられる。

昨今は個人住宅の庭づくりにも、芝生にコニファー類や地被類、色とりどりのガーディニングフラワーによって設《しつら》えることが流行になっているが、これも西欧人が見たらここは一体どこの国かと不思議がるのではないだろうか。さらに、夏には外の木陰《こかげ》を忘れてクーラーの涼風に浸り、夜となればその樹陰の暗さを恐ろしく思ったり、クリスマスや正月にははやりの電飾ツリーを愛でながら、昼間には電線が絡んだみすぼらしいその姿を何とも思わないといったことが多い。

感受性というのは文化面や芸術においてばかりではなく、このように自然物に対しても関連がある。前者の場合が人間の創造行為に生まれるのに対して、後者の場合は本来は自然の中の体験や体得にかかわるところに生じる。どちらの場合にも、美やその存在に対する想像または実像にむける愛着や愛惜が根底となる。それは、文学や絵画に表現された自然を観賞してみれば理解されることである。ただし、文学者や芸術家という感性豊かな人であっても、すべからく自然に対する感受性が鋭いとは言えないのは、自然というものに無関心であれば当然のことである。

ところで、埋葬土壌周辺に多くの花粉が発見されたことから、ネアンデルタール人は死者に花を供えていたとされる。ピラミッドの壁画に花が描かれ、埋葬品の一部にも炭素化した花が見出された。ギリシャ神話には神々やニンフが花や植物に変身する話が多く、あまたの近代絵画にも花は描かれてきた。日本の古典文学においても愛でられる花はよく登場する。『万葉集』にはヤマブキやハギを始め五〇種ほどが登場し、『源氏物語』では草本類が六二、木竹類が六一の合計一二三を数える。春の花木は梅・桜・藤・山吹・桐など、夏は橘・皐月・朝顔・夕顔・石竹・撫子《なでしこ》・菖蒲・蓮など、秋は萩・菊・藤袴・女郎花《おみなえし》・桔梗《ききょう》・竜胆《りんどう》・吾亦紅《われもこう》などである。

このように古くからほぼ全世界において、人間が花に惹かれてきたのはなぜであろうか。地域的にみて花の種類が少なく生活も貧しいと、花を愛でる機会も気持ちも持ちあわせ得ないとされることへの裏返しとしてこの世を捉えるべきだろうか。つまり世界には花の数や種類が多い、目につく機会が多い、生活の余裕がある、文化が形成されているなどのためだろうか。それとも美の神秘としての無作為の精神の働きからなのであろうか。あるいは花の側にもなんらかの目的があってのことで、昆虫に限らず栽培家以外の人間に対しても仕掛けてのことだろうか。これは、植物学・考古学・文化人類学・美術史学・遺伝学などの多彩な分野の知見によって検証されるべきことだろう。

美に対する感性については、文学や絵画などの詩心や美的感覚として蓄積・形成される美意識説以外に、次のような心理学的本能とみる説がある。一口に花といっても花にもいろいろあり、人に愛でられる花もあれば、見過ごされる花や見むきもされない花がある。今日では野菜の花を見てもまず見逃されるし、雑草とされる道端の花は見むきもされない。ところが、人類が狩猟や採集で食をつないで生活した時代にあっては、花は見逃せない食餌獲得のための重大な指標であった。花の後には食べられる実が成ることを一度知ったからには、そうした花を見分け、分類し、生育場所を記憶するという学習が促進される。他人や他の動物に先んじられるかもしれない果実が熟する段階になって、もう一度探していては遅いからである。

そうした花を見つけた時に、実の確保の予定を認識する瞬間に感じる感覚は、喜びそのものである。そこには、木でも葉でもない花という特定なモノに対する心の働きが生れている。そのことが、人間が花を好ましくもあり美しくもあると感ずる感情のもとであり、愛でる感性の根源となって承継されるのだというのである。つまりこの際の美意識の根底も突きつめると、もとはといえば食餌という目的に発しており、決して美学的な感性の問題ではなく心理学的・脳科学的なことがらとなる。

花の側においても、見かけや人間の思いこみ以上に思惑や意図が隠されていることが多いのは、すでにみてきたとおりである。虫や鳥を中心として一部の哺乳類までも惹きつけるために、どんな花もそれらの視覚や臭覚や触覚に訴えかけるような仕掛けやサインやシンボルとしてデザインされてきた。人間の手になるデザインは、例えば自動車は渋滞道路の多数の中では埋没してしまって目立たず、手のこんだ建築物も街並みの中にあっては愚劣な表情となる。しかし花におけるデザイン性は、機能的・合理的であるのみならずサイン・シンボルそのものであるがゆえに、多数の中のひとつや多種の中のひとつであっても、昆虫や動物の目を惹きつける。自然選択は、花が他の生物とコミュニケーションをもつ方向へ進化を促がしてきたのである。このことからしても花を生殖器官とする植物が、いかに高い水準の生存戦略を持っているかが分かる。人間はやはり果実の花にも観賞用の花にも魅せられるのである。

感性の方向

そうなると、トマトやナスなどのような身近な栽培野菜の花もいずれ実をもたらす目的の花として、美とともに認識されるはずである。ところが今や、生産者ならいざ知らず市場で接するのは実ばかりであって、たまにそれらの花を見てもまずそんな感覚はわかない。それどころか現代社会では、果物や野菜の花に限らず美しいとされてきた花々に対しても、人は自然な心の動きや感性の働きを発揮しないことも多い。

なぜ、食の本能のすぐ脇にあるはずの花に対する感性が、そのように失われてきているのであろうか。忙しくて目が回らない、効用や能率ばかりを求める、お金のことしか頭にない、他の感性ともども枯渇している、本能自体が混乱してきているなどと、理由になりそうなことは多い。これまた、社会学・経済学・心理学・遺伝学・植物学などの多彩な分野の知見を要する問題である。

人が目もくれなかったり、しばらくは愛でても飽きてしまったりする花にはある特性がある。それは単純な形や、純粋すぎる色合いであり、一度見たら脳の中に抽象化された像が形成されてしまい、次に見る時にはそれが実在の像とすぐに一致してしまう花である。まるで印刷の色と形の見本のように、個性的で特別な要素が少なく意外性のない花である。例えばペチュニアやマツバギグなどであるが、それらを商品として売る園芸業者はそれでは困るので、さまざまな花種や花色を用意して混植向きにする。あるいは、パンジーやポーチュリカなどのように、次々と咲き長持ちする、手間がかからないなどの改良をする。

また、単純な花では面白くないと八重咲きの複雑なものや、色にしても黒いチューリップとか青いバラとかを造りだしてきた。しかし、それらの多くは昆虫が花蜜に到達するのに困難であったり、サインやシンボルとみてよいものかどうか戸惑ったりすることになるだろう。だから園芸品種の多くの花は、自然界ではあだ花となり人間界の中で生きていくしかない。

このようにして店であふれる園芸種の花を見て、人々はさらに飽きてしまったのであろうか。水もやらないのにいつまでも青々としていると勘違いしそうなインテリア・グリーンのように、飾りモノとみてしまうのであろうか。ただしいつの時代でも、みずみずしい感性の発達段階である青少年期に、花を熱心に見つめてばかりしている若者はそもそも少ない。花を愛でるのはどちらかといえば大人、それも高齢となった人々に多いから、日常における経験や感性の研磨・磨耗ということになりそうである。

そもそも人間は、知覚にかかる遺伝的な作用機構に加えて、習得的な体験や学習による文化的な決定機構を併せ持つ。中でも匂いへの知覚に関しては、文化が自然を凌駕する形で進化してきているとされる。赤ちゃんは石鹸や香水を使用しない場合の母親を匂いで認知し、逆にそれらを使用する場合には認知できないという実証結果がある。人間の一人ひとりにはその分泌物の量や質による微妙な差異があり、本来はそれを嗅ぎ分ける能力もあるというわけである。このようなフェロモンと並べ得るような匂いの個性を、植物の花の香りを利用した香水などで消そうとして、自らの動物的特性をわざわざ退化させてきた。異性を魅惑するにあたっても、植物界から化学的分子を借用して自らの化学物質に置き換え、本来的に持つ大切な知覚作用を意識しないままに失っている。

昆虫のフェロモンについての科学的な観察や実証に関する『化学生態学入門』の著者であり、フランスの薬学・植物生理学者であるミッシェル・バルビエは、このことについて「バカンスから戻り（中略）パリの地下鉄やアパートの匂いや、仕事の同僚が清潔な身だしなみをしていても、完全には隠し覆えない特有な匂いを持っていることを発見する。しかし、しばらくするとこうしたことを感じなくなってしまい考えさえもしなくなる」と言って、人間における生物性の退化を指摘している。

ジャン・マリー・ペルトは、自らの著書の『植物たちの秘密の言葉』（ベカエール直美訳、工作舎）の中にこの言葉を引用して、「物理的には純粋かもしれないが無味乾燥で機能的で便益的な社会において、感覚器官の経験を貧困にするばかりの無機的環境で育てられる今日の子供たちは、いったいどうなるであろうか」と危惧している。また「これまでの一世代も経たないうちに自然と人間との間に深い断絶ができあがり、私たちの肉体とその器官は自然環境や好ましい文化的環境から切り離されてしまい、今や性の不均衡などのように新しいものの人工的な環境が、人間に反撃の刻印をしるす」と警告している。通りにあるパン屋は焼きたてのよい匂いを、コーヒー店は香ばしい焙煎の香りを出して、その辺りの空間をかぐわしく親しみやすくするが、それと同じようにボダイジュやモクセイ、バイカウツギやバラといったよい匂いのある樹木を植えることは大切な意味があるとしている。

恵まれた自然と同化するように生きてきたとされる私たち日本人にしても、今や草木を軽視し失われていく自然への愛惜の情も持てない。なぜそうなったのか、かつての自然に対する畏敬や敬虔さは一体どこへやったのか、そして、これらのことがいま問題視されなければならないのはどうしてか、と草木から逆に問いかけられている。ここはやはり他の生物、特に植物との共存・共生とその時空間という視点から再度考え直してみる必要がありそうで、私たちは植物に学びつつもう少し謙虚に生きるべきだと思われてくるのである。

植物の五感は生命の仕組みそのままだから、それを鈍化させたり喪失させたりすれば生存の基盤を失う。植物も肥料を与えられ過ぎると子孫のことを忘れてしまい、花を咲かせたり種子をつけたりせず茎や葉ばかりが育ってしまうことがある。ただしそれは、肥料をやり過ぎるなどの人間のなせるためであって、彼ら自身の特質ではない。収穫のための農業にしてもサツマイモの蔓ぼけのような例があるくらいだから、自己愛型の人間が甘やかされ豊かな生活に浸れば、温室や水耕栽培さながらのひ弱な感性で、自分勝手なもやしっ子になったりするのは当然のことだろう。その意味からも、子弟の養育や教育にお金をかけることや、住居を含めた豊かな生活を維持することなどのような、後生的・社会環境的な価値選択に走ることよりも、以上のことはより重大なことではないだろうか。

捉え方によっては、植物にも知性・感性があると言えなくもないことをみてきたが、それを知ってもなお繁茂して憎たらしい、怖いなどと言って彼らを嫌う人は、自分の気持ちのよって来たる根源こそをよく見つめてみる必要があるだろう。子供の頃に棘が刺さった、林で虫に嚙まれた、道に迷ったなどという体験があるかもしれない。仮にそういう体験もなく、単に自然に接する機会を持たなかったということであれば、文化的生活の追求と享受などと言っているうちに、感性は鈍り彼らの輝く命が見えなくなっているのである。

うつ病や認知障害に対しても、園芸やフラワーアレンジメントがよいとされる。農業食品産業総合研究機構の花卉《かき》研究所と茨城県立医療大学および筑波大学の共同研究では、認知リハビリテーションにおいて空間認知や視覚認知の改善が認められたという。自然や生物界へ眼とココロが素直に向かう時、草木などはどれ一つをとっても輝いて美しく見える。それを知らないままに嫌いと思ったり言ったりするのは、生命に対する不見識ですよと植物たちは言っている。慈《いつく》しむ（愛しむ）などという言葉はもう死語になっているが、私たちはわが子わが友と同様にもっと植物に対して謙虚に眼を向ける必要があるのではないだろうか。

人間のいく道

以上のようにわずかな生活実態を見た限りにおいてでも、私たちは本能が混乱し社会や生活もうまく運営できない不制御に陥っており、生物本来の生態的バランスの中においても不適正な状態にあるといえる。加えて、地球の大地や環境に対しひとり寡占化を進め、汚染や破壊をもたらしているなどの不適合な存在になっている。自然への感受性は霧散し、自負する知性も撹乱され理性さえも分裂しつつあるともいえそうで、地球上におけるこのような不適性は、生物界の一員としてもっとも贖罪《しょくざい》すべきこととなっている。

植物の世界からすれば、人間における生活観や生命観、歴史観や自然観、おおげさに言えば世界観さえもが疑問と再考を促がされるのである。この矛盾に満ちた存在に対して植物界は、この地上において人間はどのようなあり方が許されるか、果たしてこれまでの人類発展史とは別の方向に進めるか、と問いかけている。自らの理知によって断罪や修正ができないのならば、これまでに培った思想や主義、規律や規範、価値観や自然観から再考すべきだ、と厳しい眼差しを向けている。

哲学（philosophy）というといかにも難しく聞こえるが、語源的には知（ソフィアsophia、知恵・叡知）を愛し（フィロスphilous）希求する学問であり、この世の諸現象に対して驚きの目と心を抱き疑問を探求することに始まるとされる。アリストテレスに「創始者タレスは、水だと言った」と言わしめ、哲学の始祖とされるタレス（紀元前六二四～五四六年頃）は、自然の根源は何かを考えることから出発した。根源要素が水や空気であるという結論に達したということ自体ではなく、彼をして無限の思考世界に入らしめた知的希求心が哲学の創始だというわけである。

生命秩序の根源を物理化学的な法則性に求め、有機体構造の全体から部分へ、より要素的・還元主義的な方法に向かった機械論的生物学に、デカルトの動物機械説、ドラ・メトリーの人間機械論があり、それらはベーコン以来の科学実証主義に沿ったものであった。いっぽう、スピノザの神即ち自然という概念に代表される思想は、「所産としての万物は自然としての神なくしては想定しえない存在であり、結局人間も自然の一部に過ぎない」として、ゲーテや「スピノザの神を神とする」としたアインシュタインにも影響を与えた。

人間の知性の究極であるそうした哲学が、今や倫理や生死、とくに戦争や地球環境の問題を避けて、文学評論を行なったり社会学に降り立ったりするようでは心もとない。その社会学自体も文化人類学との関係で、「とりわけ社会学者自身が属している複雑な社会における人類学」、そして人類学とは「とりわけ人類学者が属していないより単純な遠隔地の社会学」と、「知の統合」を説いたエドワード・O・ウィルソンによってその瑣末さを揶揄される始末である。

社会学や政治学や経済学などの社会科学は、各専門領域に分かれてしまい、それらの用語法さえも共通のものになっておらず、自然科学のように知識の統一的な階層化を図っていないともウィルソンは言っている。さらに、心理学や生物学などの科学的な成果や知見を無視したり、自らの理論を個人的な政治的イデオロギーに向けたりするとまで言っている。

「生命」という場合には、医学などの生命科学とともに、その進化の揺りかごである自然環境を考察しなければ、いかに哲学的であろうとしても今日ではまったく意味をなさない。同様に今日の社会生活という場合には、その集積としての都市ならびにその対象化であるところの環境自然、生産・消費という場合にはその資源の源泉であるところの地球環境、歴史という場合にもこれまでの知識の集積（伝統や文化）とともに、その背景であったところの自然が論じられなければならないだろう。

アリストテレスも自然を見つめた哲学者であるが仮に今日に生きていれば、まず「すべての人間は地球環境と共にある」と原理的な大前提を据え、次に「環境破壊は人間によってなされている」と具体の事実を小前提とし、「ゆえに地球環境（の破壊）は人間を道連れにする」と結論づけるだろう。ただし、全ての人間が環境を破壊しているわけではないという指摘が出そうで、その際には「全ての人間が道連れになるわけではない」となるが、果してどうだろうか。

アリストテレスは再びこう言うのだろうか。「地球の外の宇宙は死の世界である」「すべての人間は地球に依存している」「ゆえに地球はすべての人間の生死を左右する」と。つまり地球環境の破壊は、生死を左右する形で人間を道連れにするということになるが、なんとか希望を持つためには、「迫害者が束縛を解くときには、その迫害者自身が最初に開放される一人である」という論理上の真理に立つしかないことになる。

フランスでベストセラーとなった『世界でいちばん美しい物語』（木村恵一訳、筑摩書房）という本は、宇宙に誕生した生命とその進化あるいは人類の発展について、著名な科学者三人に対するドミニク・シモネ女史のインタビューにより著わされたものだ。その姉妹編に『人類のいちばん美しい物語』があって、こちらは、チンパンジーとたった〇・一パーセントのＤＮＡの差異によって生じた人類が、森を出て石器や火を使い獲物を追って拡散し、系統上の進化と絶滅を経つつもあらかた地上を制覇したこと、洞窟に彩色画を描き宗教や芸術の精神世界を象《かたど》ったこと、牧畜と農耕によって人口増や富の蓄積と分配構造、もしくは権威・権力の社会基盤を創ったことなどが、最新の考古学や遺伝子学の成果をもって語られている。

人類史の全三幕は、旧石器時代の人類の地域空間的な拡散、洞窟画にみられる精神世界への潜入と到達、地球大地の征服および権力構造と社会の確立、という三段階の発展過程である。一万数千年前以降の新石器時代への移行や農耕牧畜時代の幕開けによって、技術力や生産力が飛躍的に向上し、思想や芸術や宗教が多様化したところに、主役である人間の存在意味も拡大した。それらは、文法を持って言語を操ることができる能力と、生物世界の一種属一環境という大原則をはみ出し、地球上のあらゆる環境に対して働きかけ行動するという能力の二つを、自らの出発点から保有し駆使した人類の当然の帰結であるとしている。ただし、技術を駆使し生産や情報の革命を極めた今日社会に至りながら、人類として歩み始めて以来の根本的な変化・変容があったかといえばなんら成しえていない、ということが強調されている。

ではこの先の第四幕はどうかというと、言語と環境操作の二つ以上には新たな能力を獲得することはもはや能わず、前幕までに今後の筋書きの布石や萌芽もないことから、人類が新しい幕を開くことはなく、第三幕の延長上にしかないということになる。果てなき進歩・発展のために全ての知力が注ぎ込まれ、そもそも人類史には終章などはないという前提に立つのが、今日の人間社会である。

しかし、人間の知力やエネルギーが持続し時間は悠久であっても、舞台空間や背景装置は有限である。この先の史劇の継続のためには、あらゆる叡知と理性を動員した筋書きに整え直し、その舞台に臨む必要が出てきている。そうでなければ、地球における過去から未来への「いちばん美しい物語」という表題自体が、まったく逆説的・暗喩的であることを意味することになる。環境告発者としての植物の立場に対しては、私たちは彼らに向いて立ち止まり、その声に耳を傾けることが果たしてできるかということになるのである。人間には飽くなき欲望や闘争心以外に、自分のみならず他者に対しても、あるいは文物のみならず自然物に対しても、愛着や愛情を抱くという特質があるということを忘れないでおきたい。

III 植物はなぜ主張するのか

環境被害者としての彼らを分かろう

植物たちは生物界であるべき地位をえている。方式や規律が非常にしっかりしているのは、動物よりも古くからの悠久の彼らの起源と進化にある。しかしその地位は動物、特に人間の扱いの前には不当でいまや存在も微妙だ。だから彼らは、断固として主張することになるのではないだろうか。

1 植物の地位

★起源と分類

動物と植物

私たちは、動物と植物との違いなどは、いちいち考えたりはしなくとも明快だと思っている。動物は動くことができるし食事もあちこちで探して得る、子を生んで子孫を残すし強いものは敵を倒す弱肉強食だ等々である。中でも私たち人間は、文化を創造し文明を構築して進歩してきたし、他の生物は考えるということがなく到底そんなことはできない、ましてや植物は動くことすらできないと認識している。

確かに動物は動き回って食物を獲得するが、とはいえそのもとを辿れば人間は動物の肉を食べ、肉食動物は草食動物を食べ、鳥類は木の実や葉につく虫を食べ、大型魚類は小魚を食べ、その小魚は動物プランクトンを食べるけれども、動物プランクトンは植物プランクトンを食べる、というように結局すべては植物に行き着く。

そもそも動くための動物の筋肉は、中枢神経の指令と神経組織における伝達によって可動性を発揮するけれども、発生学的にそれは、地上に先に出現した植物の幹や枝の固さのもとである細胞壁が失われてしまい、衰えたか病気になったかのような細胞から成立しているのだという説があるくらいだ。同じ細胞から植物と動物が分化した進化の上では、植物の光合成や独立栄養性、雌雄同体性や無性生殖の能力を失った、いわば退化した細胞によって成り立ったのが動物であるともされる。その結果、捕食や異性配偶子との遭遇のために動き回ることが必要となって、消化器官や筋肉や骨格といった局部化し特殊化した体を造らなければならなかったというのである。動物の多様化は、自らのそうした体と行動により異種交配の機会が多くなった結果にすぎず、生物界の優劣の問題ではないというわけである。

動物はまた的確な行動のために五感を獲得してきたが、よく知られる昆虫の色覚よりも前に成立したのは聴覚であったという。海や火山の鳴動、水流や風などの物理的・気象的な音に満ちた世界であった太古の地球において、動物は空気を体内に取り込み吐き出すことを通して、息吹を発し唸りや叫びを放って最後には声になり歌をつくったのである。

動物にとっては、こうした進化が必要であり必然的な過程であったわけだが、だからといって植物よりもその点で勝れているとか賢いというものでもない。たしかに消化器系や循環器系や運動系などの動物の多様な器官に比べると、植物のそれらは、花については葉が変形したものと捉えると根と茎と葉しかない。しかし、その根と茎の先端にある細胞が分裂し続けることによって、植物は動くことも声を発することがなくとも一生の間中を生長し続けていく。動物が一定の成長後には衰えて老化していくのに比べると、その生命性は上である。

ここで生物の進化と系統分化をおさらいしてみよう。四五・五億年前の地球創生ののち三八億年頃には海が形成されて、そこでその三億年後には原始生物が発生した。二七億年前頃には光合成能力を持ったシアノバクテリア（藍色細菌）が登場した。原始生物は原核細胞であったが、古細菌の細胞内にミトコンドリアやシアノバクテリア（変じて葉緑体）などの真性細菌が共生し、やがてそれらが細胞小器官に変わって真核細胞が生まれた。そして二一億年前頃になって、光合成を行なって酸素を放出する植物細胞と、呼吸によって得た酸素をエネルギー代謝に利用する動物細胞とに分化した。やがて海中に飽和した酸素が大気中に出てオゾン層が生成され、有害な太陽紫外線を吸収するようになって生物は海から陸に上がる。進化した多細胞生物の新たな生物界は、一〇億年前頃には光合成をする植物相（フロラ、flora）と、呼吸する動物相（ファウナ、fauna）の世界となったのである。

この生物界は、紀元前四世紀のアリストテレス（紀元前三八四～三二二年）の時代から一八世紀のカール・フォン・リンネ（一七〇七～七八年）の時代まで、光合成するのが植物、動くことができるのが動物という区分（二界説）が長い間の定説であった。植物界は光合成生物全般、すなわち藍藻《らんそう》（シアノバクテリア）や藻類、あるいはキノコ類を中心とする菌類までも加えて植物と考えられてきた。

一九世紀になって、エルンスト・ヘッケル（一八三四〜一九一九年）が原生生物という新たな分類をたて（三界説）、二〇世紀になってロバート・ホイタッカー（一九二〇〜八〇年）が光合成によって栄養を生産する多細胞生物を植物、その栄養を消費する生物を動物、有機質を無機質に分解して還元する生物を菌、細胞の核に膜がない細菌をモネラ界とし、その他を原生生物とする五界説をうちだした。

今日に定説の植物界の範囲は、いずれも陸上で進化し高度な多細胞体を持つもので、同一系統から進化したコケ植物（センタイ門）、シダ植物、種子植物を含むものとし、系統的に近いと考えられる車軸藻類、緑藻類の一部をこれに含めることもある。種レベルでは動物が一〇三万種、植物が二五万種、菌類が九万種の計一三七万種である。動物のうちの七二パーセントは昆虫類で、哺乳類はわずか四五〇〇種にすぎないが、今日では植物のうち九二パーセントは被子植物であり、裸子植物はわずかに七六〇種である。

多細胞ではなく単細胞生物でありながら植物のように光合成し、なおかつ自在に動きまわるというのがミドリムシであるが、以上の分類によれば、ミドリムシは一体どう解釈したらよいのだろうか。

遺伝子解析が進んだ最近では、単細胞生物が他の単細胞生物を取り込んで、取り込まれた方がそこに居ついてしまうこと（一次共生）に着目する。光合成を行なうことができる藍藻（シアノバクテリア）をある生物が取り込んだということが、葉緑体の起源であるとする説が定説である。ミドリムシもやはり藍藻を取り込んでいるが、動物や菌類はそれを行なっていない生物というわけである。

その際に、取り込みを一度だけ行なって葉緑体を持ち続けている生物は植物であり、紅藻類まではそれに該当する。しかし、かつて取り込みを行なったことがあってもその後に葉緑体を失ってしまった生物や、色々な取り込みを行なった生物は、植物界のらち外としたのである。これによるとミドリムシは、葉緑体以外にもう一度、別の取り込みを行なっているので植物とはならないことになる。

これを一例として、今日に至っても生物界の区分のとらえ方には諸説があり、かつて藍藻を取り込んだものはすべて植物としようという主張もあって、これに従えばミドリムシは「動く植物」ということにもなる。身近にはサンゴのように、海中にテーブル状や球体などの形態やさまざまな色彩をもち、枝葉のようであり海中花のようでもあるのに、実はプランクトンを餌にし、藻類を共生させ栄養分を摂取する微生動物の単体、または群体とその死骸であるという例もある。このような生物が存在することは、解明された細胞レベルからの分化や進化の過程からすれば、なんら不思議なことではないことになる。

植物の分類と研究

人間は社会的地位にこだわり争いまで起こすが、植物はそんなことに頓着しない。しかし、植物界もその個体や種の混交からなる多層な社会であるから、その意味での植物界における位置づけがある。この後も動植物や人間の関係、植物の生態を考えていくことでもあり、植物を知る前提である植物分類についてここでもう少しみてみたい。学問的な植物分類は一七五三年に、リンネによって学名付与や属分類が成し遂げられた。その階層分類は、界＞門＞綱＞亜綱＞目＞亜目＞科＞亜科＞連＞属＞節＞列＞種＞亜種＞変種＞品種だ。今日使われている分類法は、主としてアドルフ・エングラー（一八四四〜一九三〇年）体系とC・E・ベッシー（一八四五〜一九四五年）体系の流れがあって、以下では後者を踏まえたアーサー・J・クロンキスト（一九一九〜九二年）体系によるものである。

約一四〇〇種とされる原核生物の藍藻から光合成を行なう葉緑体と、エネルギー生成を担うミトコンドリアとを取り込んで真核生物へと進化した生物は、まず海の中でアメーバや藻類（紅藻四〇〇〇、橙藻一〇〇〇、褐藻一五〇〇、黄藻一万種）などの原生生物界や菌界の進化の流れを形づくった。そこから陸上進出して生まれた藻類と菌類の共生体である地衣類は、今日ざっと二万種、コケに代表されるセンタイ門が二万二〇〇〇種、ヒカゲノカズラ門やスギナ（ツクシ）も一員であるトクサ植物門や、ワラビ・ゼンマイのシダ植物門が合わせて一万一〇〇〇種というほどに進化した。

そして種子植物が登場し、裸子植物である球果植物（マツ）門やソテツ門やイチョウ門が七六〇種、花を咲かせる被子植物門が二四万種という多様な社会を築き上げた。被子植物門は、発芽が単子葉であるユリ・ツクウラ・ヤシ・オモタカ・ショウガの亜網、双子葉であるマンサク・モクレン・ナデシコ・ツバキ・バラ・キクの亜網とに分類される。ここで種《しゅ》というのは、生殖の面で集団内部ではお互いに交配可能で、他からは隔離されている個体の集まりであり、交配して子孫を残していけるものどうしは同種、形態が似ていても残せなければ別種である。

ちなみに動物については、軟体・環形・棘皮・背索の各動物門などの生物社会を海と陸に築き、そのうち背索動物門から脊椎動物亜門の無顎動物下門と有顎動物下門を進化させた。その有顎動物下門において軟骨魚網・硬骨魚網・四肢動物上網を派生させ、さらにこの四肢動物上網から両生網・爬虫網・鳥網・哺乳網を進化させた。人間が属する哺乳網の動物種数は、研究者によって変動するが概ね四三〇〇から四六〇〇種ほどであり、脊索動物門の約一〇パーセント、広義の動物界の約〇・四パーセントとされる。

リンネの分類法は、いわば東一条西三条といった京都の町丁名に似ていて、生物の変幻自在さに驚異し着目して観察を行なったゲーテは、それでは生命が見失われてしまった〝死の普遍化〟ではないかと批判した。これに対して、アレキサンダー・フォン・フンボルト（一七六九～一八五九年）やクリステン・ラウンケル（一八七〇～一九六〇年）は、例えば樹の高さや低さといった特徴から高・中・低木、育つ環境から地表・地上・着生植物などとする生活型による類型分類を行なった。またブラウン・ブランケ（一八八四〜一九四〇年）は、例えばアカマツとその林床におけるヤマツツジのような親和適合性に着目して、植生の中の群集およびその上位群団という植物社会相を提唱した。

コケ類・シダ類・トクサ類やヒカゲノカズラなどを除き、今日普通に見かける地上の植物のうち草は被子植物であり木も広葉樹を中心としてそうだが、針葉樹は裸子植物である。高等植物とはほぼこれらの種子植物のことをさし、日本では五三〇〇種もしくは五八〇〇から六〇〇〇種ともされる。植物といい草木という場合には、普通にはこの被子植物や裸子植物のことを指すが、等級の高低で扱うことには抵抗が残る。

古来、観賞用として幾多の品種が生み出され、一九世紀半ばには三〇〇〇品種を数えたといわれるバラは、古代バビロニア（三九〇〇〜三六〇〇年前）の『ギルガメシュ叙事詩』や三五〇〇年前頃に描かれたクレタ島の壁画に登場するという。二三五〇年前頃の『テオフラストス植物誌』には、その剪定や挿し木などの栽培技術まで記録されている。植物学の租はこのテオフラストス（紀元前三七二頃〜二八八年頃）であり、かたやその友人であったアリストテレスは『動物誌』『動物発生論』を書いて生物学の祖であった。

植物学（botany）は形態学・発生学・生理学・地理学・生態学などの諸分野があり、対象とする生物ごとにシダ学、コケ類学、藻類学、樹木学などがある。農学や林学、園芸学や草地学の根本となる学問であるが、リンネの二名法以降に分類学的な研究が進み、メンデルの法則ののちには遺伝学による育種学も発展した。また最近の分子生物学の進展に伴って、古典的な植物学から脱却するというニュアンスをこめて、植物科学と呼ぶこともある。

日本の近代植物分類学の祖であり権威である牧野富太郎博士は、小学校中退でありながら独学で五〇万点もの標本や観察記録、『日本植物志図篇』『牧野日本植物図鑑』などを著わした。博士による日本植物の命名は、二五〇〇種以上（新種一〇〇〇、新変種一五〇〇）に及び、自らの新種発見も六〇〇種余りとされ、その事蹟がおおいに称えられる。東京都練馬区にある博士の晩年の旧居跡「牧野記念庭園」を訪れると、高木や繁茂する下草の三四〇種にのぼる草木類が、研究に勤《いそ》しんだ書斎や出版原著・植物スケッチ・標本・日用品などを納める資料陳列室を見守っている。

植物園というのはその名（botanic garden 植物学庭園）のとおり、学術研究のために収集植物や花《か》卉《き》や樹木などを生きたまま栽培保存し、かつ研究の基準となる葉の標本などを蓄積し保存する施設である。圃場《ほじょう》を有し、さらに種子や精子などの遺伝資源収集の拠点であるジーンバンクとしての機能を果たして、外国の主要植物園は歴史的に国家的政策の一つでもあった。

植物園の最古のものは、エジプトのアレクサンドリアにあったアレクサンドリア図書館の隣接植物園とされ、十六世紀にはイタリアのパドウア・ピサ・ボローニャにはそれぞれ公立植物園があり、中でもイタリア・ピサ公立植物園の設立は一五四三年といわれる。中世ヨーロッパでは修道院で薬草栽培が盛んに行われ、近世になって王立や大学農学部の圃園などとして継承されて、有名なものにイギリスのキューガーデン、ドイツのベルリン大学植物園、インドネシアのボゴール植物園がある。

一七五九年に宮殿併設の庭園として熱帯植物を集めたことに始まったイギリス王立植物園のキューガーデンは、一二〇ヘクタールの敷地規模をもち、人間生活に必要なものを創出する資源植物を世界各地から集めてきた。園内で品種改良などを行ない、当時のイギリス植民地内において育成条件の合うものを、プランテーションで大量生産することを図った。キャプテン・クック（ジェームス・クック）に同行してオーストラリアなどへ航海し、多くの植物標本を持ち帰ったジョセフ・バンクス（一七四三〜一八二〇年）もかつて館長を務め、今日では膨大な資料を有する世界有数の植物園として世界文化遺産に登録されている。

植物の絶滅危惧種レッドリストには山野草中心に一七〇〇種弱があげられているが、これは日本に見られるシダ類・種子植物類約七〇〇〇種のうちの四分の一近くにあたる。生物多様性条約の締結国会議において二〇〇二年に採択された「世界植物保全戦略」では、二〇一〇年までに各国のこれら絶滅危惧種の六〇パーセントまでについて、その生息地以外での保全を求めた。幸い日本ではその五〇パーセントほどが、国内各地の植物園で栽培されて保存されていることが分かっている。

農耕におけるタネなどの農作資源は、古くから担い手である農民自身によって保存・承継の策が講じられてきた。今日では茨城県つくば市の農業生物資源研究所の種子庫に、それら二四万点ほどもが保存されているという。樹木に関しても、やはり茨城県の日立市の森林綜合研究所育種センターに約五千点が保存されている。育成保全に比べて種子保存は、自生地の生育個体を減らすことなく採取できて長期保存がきき、収納に場所・空間をとらず扱いやすいなどの特性を応用することができる。そうしたジーンバンク機能を果す機関は、日本では岡山大学資源生物科学研究所、新潟県立植物園などがあげられ、新宿御苑の冷蔵倉庫も保全拠点の一つとなっている。

千葉市の「青葉の森公園」は、芸術文化ホールや陸上競技場やレクリエーション緑地を擁する大公園である。その中で自然生態園を携える県立中央博物館は、歴史的文物中心の博物館とは違って自然誌博物館として構想されている。生物学の重鎮である沼田 真千葉大学名誉教授の指導によってここでは房総の地形と地質、陸上および水生の動植物とその生態、自然と人間の係わりの歴史などを中心に展示している。多数の優秀な学芸員が研究や公開講座などの活動を行なって、国際的な生物学の情報交流の拠点でもある。

日本では、市民に公開される植物園や自然園は公園的施設として運営されるのが主流であるが、この生態園は英国のエコロジー・パークに習い、樹木を中心とする南総・北総の植生群落園と、湿地、野鳥の観察舎を設置した舟田池などが約六ヘクタールにわたって設けられている。園芸場や植物園（ガーデン）や公園（パーク）とは違う自然生態の復元の場として、研究者・市民の活動に支えられている。歩いてみると、スダジイ・タブノキ・アカガシなどを主とする南総の自然区域と、アカマツ・シラカシ・イヌシデ・コナラなどを主とする北総の自然区域や湿地を巡って、生きた樹木を観察することができ、樹木等が剪定管理される公園とは違う姿を見せてくれる。

動物園でいろいろな動物たちが、檻に入れられ本来の野生状態から隔離されて、定時的で人為的な摂食を強いられ、休日には人間の子供たちの見世物となるストレスのもとで生きるのに比べれば、こうした植物園の植物たちはまだ幸せであるというべきだろうか。とはいえ植物園の中でも温室などの植物は、温度や湿度、土壌や水などのできうる限りの手入れがなされて、動物園の野獣と似ていなくもなく何か元気がない。

古代植物の代表

ヒカゲノカズラ門のリンボクは、三億五〇〇〇万年前から二億八〇〇〇万年前の石炭紀に栄え、今は化石としてのみ知られる高さ三〇から五〇メートルにも達する植物だ。先端部は細長い小葉をらせん状に群生させ、生育とともに下の方からその葉が落ちて菱形葉痕が幹と茎に残り、これが鱗《うろこ》に似るため鱗木《りんぼく》の名がついたという。木とは違って木質の部分をほとんど持たず、構造的には厚い樹皮様の部分で支えられた巨大な草のようであり、茎の末端に胞子穂をつけて胞子でおおいに繁殖したが、中生代までには絶滅した。トクサ類のロボクも楔葉《けつよう》があって高さ一〇メートルに達したとされ、シダ類の中には維管束と厚膜組織による大きな木生シダがあって、これが木に進化したのではないかと言われている。

二億四〇〇〇万年前から六五〇〇万年前までの中世代は、動物界では爬虫類の繁栄したいわゆる恐竜時代だ。この時代の植物は、巨大なソテツ類やナンヨウスギのような針葉樹、今日のイチョウやモクレン、そしてシダ類が中心であり、これら裸子植物が豊富な食料となって恐竜の巨大化を支えたと考えられている。それまでは裸子植物ばかりであった世界に、白亜紀の初期にあたる一億四〇〇〇年前に花を持つ被子植物が登場した。白亜紀末（中生代から新生代への移行期、六五〇〇万年前）になって、直径一〇キロメートルの大隕石の地球衝突が原因とされる恐竜やアンモナイトの大絶滅が起こり、一億六〇〇〇万年続いた恐竜時代は幕を閉じた。

「生きた化石」と言われるメタセコイアは、裸子植物門・マツ亜門・マツ綱・マツ亜網・ヒノキ目・スギ科・メタセコイア属で、一属一種の植物であり和名はアケボノスギ（dawn redwood）である。その発見と公表、分類と命名の経緯については一つのドラマであり、国際的にも学術的にも大きな意義と評価が残されている。三木茂博士（一九〇一〜七四年）は、地層学も踏まえた植物遺体や化石の研究の中から、それまでに知られていた常緑樹のセコイアやヌマスギとは異なる種類のものを発見し、一九四一年（昭和一六年）にメタセコイアとして発表した。それ以前からも化石が発見されながらセコイアまたはヌマスギと混同されていたが、落葉樹であることが突き止められて別種であるとされたのである。

一方、中国四川省磨刀渓（現在は湖北省利川市）に現存する巨木について標本鑑定依頼をうけた中国静生生物研究所長の胡先驌《しゅく》博士は、その堅果や葉や小枝の特徴から三木博士がいうメタセコイアの現生種であるとして、一九四八年に世界に発表し大きな波紋を呼んだ。そしてラルフ・W・チェイニーによって、その種子がいち早くアメリカに渡り発芽・育成され、一九四九年にその幼樹が献上された皇居内を始めとして、小石川植物園や水元公園、さいたま市別所沼公園などに植えられて広まった。

セコイアとは違って日本の気候にはよく合って生育が早く、苗は一年で一メートルになり最終的には直径は一・五メートル、樹高は三〇から四〇メートルにもなる。葉は線のように細長く三センチメートルほどで、羽状に対生し秋に黄土色になって落葉する。雌雄同株の雄花の方は、フジのように枝から垂れ下がった主軸が長く伸び、柄のついた花が間隔を開けてついて二月から三月に咲く。

イチョウは、裸子植物門・イチョウ亜門・イチョウ綱・イチョウ目・イチョウ科・イチョウ属・イチョウ種というたいへんな純粋血統ぶりで誇り高き木である。イチョウ科は今のイチョウを含め一七属あったとされるが、近縁の化石種は古生代からあり、中生代ジュラ紀（二億一二〇〇万～一億四三〇〇万年前）の頃には、世界的に分布していたことが化石から分かっている。

それらは氷河期に絶滅したとされ、現存樹は中国にのみ生き残っていたものの末裔だ。その現地はもっとも有力な説では今の安徽省宣城県付近で、一一世紀初めにそこから当時の北宋王朝の都があった開封に移植されたと言われる。日本に持ち込まれたのは平安後期から鎌倉時代にかけてとされ、一三二三年に当時の元の寧波から日本の博多の途上に沈没した難破船があり、その調査において銀杏が発見されたという。ヨーロッパには一六九三年に長崎からエンゲルベルト・ケンペル（一六五一～一七一六年）によって持ち帰られ、現在はヨーロッパおよび北アメリカでも植栽されている。

葉の形からいかにも広葉樹のように思われがちだが系統は針葉樹に近く、原始的な平行脈をもち二又分枝し雌雄異株である。東京・大阪・横浜という大都市を擁する都府県の県木に奉られているが、全国各地の社寺や公園などに巨木が多く残存する樹でもある。概ね幹周七から一〇メートル、樹高二〇から三五メートル、樹齢五〇〇から一〇〇〇年といったところであり、中には兵庫県の「ちちの木」、広島県の「乳下りの大銀杏樹」、愛媛県の「乳出の大イチョウ」、高知県の「平石の乳イチョウ」のように、その表現どおりの形の気根が多数発生した巨木もある。

埼玉県飯能市の高山不動尊常楽院は国の重要文化財である木彫仏を擁する古刹であるが、山の急傾斜地に開かれた境内の一角には埼玉県指定天然記念物（一九四七年）の高山不動の大イチョウがある。胸高幹周一〇メートル、樹高三七メートル、樹齢八〇〇年の大木で、根張りは荒々しく階段状となっており、見上げる上方には乳房になぞらえる太い気根がたくさんぶら下がっていて、「子育てイチョウ」とも呼ばれる。

カツラも中世代白亜紀の恐竜時代から一億年も続く、一科一属二種の血統だ。日本の樹木の中では樹冠が大きく、その投影面積が三〇メートル四方の一〇〇〇平方メートルにもなるものがある。樹齢も長く五〇〇から一〇〇〇年とされ、その生命力の元は、自らの幹元からヒコバエ（萌芽）という代替わりの後継者を育てて更新していくことにある。

葉がとても大きいホウノキはモクレン科で、花も大きくて被子植物の花の起源の形態を伝えるとされ、樹冠で上を向いて咲く。その種子は二〇年間も土中にあっても腐らず、じっと自分の出番を待つことができる。その出番とは、やはり周辺の木が枯れたり倒れたりして森林空間に陽の当る空地が生ずることで、そのような機会が訪れると明るく地温度が高いことを察知して芽生え一気に生長する。このようなことからホウノキは、山中で見かけても散在していることが多い。

生長が早くて五〇メートルもの高さになるユリノキも、モクレン科で白亜紀からの樹木だ。この他の日本固有の生きた化石としては、紀伊山脈に分布するトガサワラ・コウヤマキ・ヒメコマツ・ツガとされる。これらを中心に植物像を思い描くと、彼らは実に存在感があり崇高で自信ありげでもある。

★方式と規律

植物のやり方

植物は、いざ自分が発芽した際に光を十分受けて育つことができるかどうかを、きちんと知覚することによって方針決定をしている。これは土中に水分がある森などの条件下でのことであるが、乾燥地帯になると種皮の中の発芽を阻止する物質が、思わぬ水に出会って溶けることが条件になっている。また、固くて厚い種皮をもつ種子の場合には火事や微生物の分解作用に依存する。冬芽となって寒さを経験しないと発芽しない植物も北半球などでは多く、乾燥に耐えた後で水分によって目を覚まされなければ発芽しない種子も多い。このように植物の目覚めは、さまざまな方式があって実に巧妙である。

温度、日照、水分などの変化が突然に変わらない限り、植物は比較的規則正しくこの発生・生長の過程を繰かえす。多くの樹木や球根植物で夏秋に形成された花芽は、冬の低温の時期を経験し春の気温上昇と共に生長を始めるのも、生育環境における気候条件に則している。植物は発芽や花芽の形成、生長・生育のさまざまな過程において、環境の変化をシグナルとして受とめる。

花の美しさや多様さは、まずは昆虫や鳥を誘引して受粉を遂げるための必死の生存作戦であったが、装うということは私たち人間も古くより行なう。女性ファッション誌は少ない店でも二〇誌、多い店ではその倍は置かれてあり、女性はそれらを参考に競って装う。ただし今時の装いはなんとも多国籍的であるとともに、まだ肌寒い頃に半袖とミニスカートに素足でサンダル履きとか、秋のまだ寒くもない時期に厚手のコートを着てマフラー・手袋にブーツといったことも流行る。服装の色柄も黒っぽく地味であり男女共にあまり変わらず、化粧をしない人も含めて異性の誘引という意味が薄れている。植物にすれば季節感が混乱し、生理・生命のサイクルやリズムを狂わせてしまいかねないことも平気でなされる。これに対して植物の開花や色柄は、生殖や種の保存そのものと密接で自らの種持続の崩壊を意味するから、このような逸脱を決して展開していない。

わが住居地の近くに数百メートルに至る街路樹の大通りがある。通りの両側の歩道沿いが、高さ二〇メートルにも達する直立した列群の並木道である。春には鮮やかな新緑を、夏には豊かな葉量と日陰を、秋になると黄から赤、深紅へと変化するみごとな紅葉を見せてくれる。直径三センチメートルほどのイガグリのような実がその頃にはまだ緑色をしており、やはり紅葉の美しいニシキギと同じように枝にはコルク質の特異な翼《よく》をつけている。この樹はモミジバフウといい、アメリカフウとも呼ばれるとおり北米中南部の原産であり大正時代に渡来した。植えられたのは昭和四〇年代の後半（一九七三年頃）で、このニュータウンの幹線道路の整備に併せてであり、もう三五年ほど経っている。紅葉が散ってしまってもイガグリの実はたくさん枝にぶら下がっており、二カ月ほどして落ちた茶色のそれを手にとってみると、ぼんぼり状の中は種子がどこかへ飛んで行ってしまって空である。それまでは鳥などから種子を守るのだとみえて、鉤型のイガをまとった堅い実であった。

このモミジバフウが紅葉する一一月中旬の時期以降に、サザンカが咲くのは当然にしても夏の花であるムクゲやカンナがまだ咲いている。その上に、レンギョウやサツキの一部で狂い咲きが見られる。狂い咲きは花芽の分化ではなく花芽の生長に関係することで、異常気象などの様々なストレスが加わると、早く花を咲かせて種子を作ろうとする生き残るための方式である。異常気温のほか、風害、旱魃、虫害などがあった年は狂い咲きが多いといわれる。そのことは逆に、それぞれの種における進化の過程の中で、花の咲く時期こそが環境に最も適応するように獲得した形質であることを示している。仮に冬も乾季もなくて常夏であったり、春・夏・秋・夏の三季であったりしても、生殖回数が増減するほど種の生命は単純ではなく、今後の地球温暖化によるその生活への影響が計り知れないことをうかがわせる。

稲は田植えが終わり稲穂がつき始める頃までは水を張って育てるが、その後に水を抜くのは根に水を渇望させることによって伸長をうながし、しっかり根張りをさせて収穫までの穂の重みに耐えることができるようにするためである。同じ種類の植物であっても、湿潤と乾燥のおのおのの土壌で育てた場合に、根の長さが二倍の差になる例があるという。

野菜つくりは、種を蒔いて双葉が出るとたいていは間引きし一つひとつを大きく育てるが、ニンジンは生長した時にお互いの葉が擦れ合った方が、競い合って根を肥らすという。樹木も幼苗の時には競争させた方がよいともいい、林や森ともなれば低木・中木・高木がおのおのの空間を占めて共存し、低木の中には高木の日陰でなければ育たないものもある。

ダイズやエンドウ、レンゲソウやハギなどのマメ科の植物は、根に根粒をくっつけて土壌を肥沃にする窒素分を蓄えている。その根粒の中には根粒菌があり、これが酵素を介しながら空中窒素を固定する作用を行なう。化学工業が、高圧・高温をかけなければ達成できないことを根粒菌は静かにやってのけるのである。植物の方はその産物であるアンモニアイオンを受け取り、根粒菌は光合成の産物である栄養を受け取るという互恵関係にある。

コケ類や地衣類は岩や他の木に着生して育つ着生植物であり、ブドウ科の植物の根に着くラフレシアやシイノキに着くヤッコソウなどは、相手の植物から栄養分を取る寄生植物だ。これらの種類が多い常時高温で四季のない熱帯雨林に限らず、生物の世界はその物理的な環境要因あるいは種間の競争的な関係よりも、こうした生態学的共生関係が大きな比重を占めているとされる。

その共生も花と昆虫の関係のみならず、鳥や小動物の摂食運搬などの種子散布共生、根粒バクテリアや外生菌根菌などによる栄養共生、棘や難消化物質（セルロース、リグニン）や有毒物質（アルカロイド、フェノール、シアン化配糖体）による被食防止共生（有毒物質を溜めて身を守る蛾などとの共生）というように多様である。生物同士は動物界を中心に捕食という敵対関係を生じさせるとともに、それを裏返し補うように植物界のこのような共生関係を形づくって進化してきたわけである。

植物の共生関係の仕組みの一つに、菌根菌との驚異の関係があり、少しずつ科学的に解明されている。アーバスキュラー菌根菌は、シダ類やコケ類も含めて陸上植物の八割もの植物の根と共生しており、土壌中のリン酸を菌糸を通して植物に提供し、逆に光合成の産物を貰う。この菌は宿主を選ばないので、植物の種類を問わず地下で菌糸を枝分かれさせて繋がっている。そのことから、一つの植物が枯れるとその栄養分が菌糸を通して別の植物へ移動したり、一つが病気にかかるとその信号が伝播して他の植物に抵抗性を準備させたりするといった、森全体の一大共生関係があるかも知れないと想像されている。よく人間と植物との共生というときに、どうしても人間主体的な彼らへの歩みよりになり、対等であったり客観的であったりできず、客体との仕組みの構築ができないこととは大差がある話である。

バイオマス（biomass、生物体量）とは、各時点において存在する生物量をその単位面積あたり乾燥重量で示したり、炭素量で数値化したりするものである。バイオマスは植物が太陽エネルギーと水と二酸化炭素から生成するものなので、持続的に再生可能な資源として捉えられている。かつての日本でも里山の木々を用材とし落葉を農耕堆肥とするなど、バイオマスを活用する社会生活であったといえる。石油から生成する燃料や資材などへの転換によりそれらは顧みられることがなくなったが、近年になって廃棄物処理コストの高騰や地球温暖化対策の観点からバイオマスの利用価値が模索されている。バイオマスを用いた燃料をバイオ燃料（biofuel）またはエコ燃料（ecofuel）として、木質廃材などからのエタノール抽出、植物油などの自動車燃料化、木質バイオマスによる発電・ガス化水素の生成、製紙パルプ製造工程での黒液バイオマス発電、トウモロコシ澱粉などによる生物分解性バイオプラスチックなどが技術化されつつある。生長が早く放置すれば拡大繁茂するタケについても、バイオエタノール化の有望な植物として研究されている。

自然との共生と言いつつ人間のためになる新たな利用法を模索しているわけであるが、かつての樹木利用のようにその生長と再生の摂理を保ち、感謝の念を持って接した文化とはどこか違う。多くの製品がプラスチックその他の工業製品にとって替わられてしまった今日では、パルプや建築用材の元さえも見えなくなっているが、このような人間都合の技術化は植物の方式や規律をいっそう踏みにじる。

植物のきめ方

あらゆる生物は、自分の生きている環境としてのニッチ（生態的地位）を守って、正確に生きている。人間だけはそうしたことを自覚しないどころか、自ら打ち破ることを最善として生きてきた。植物における生殖・生育と生活の方式・規律に向けて、人間の自己都合によって乱入してきた。砂鉄を溶かして採集する古来の製鉄法であるたたら製鉄の薪炭のために、かつて中国・四国地方の瀬戸内海沿岸の木はあらかた伐採された。その後の土壌流出により劣化した花崗岩質で酸性の貧土に育ったのが、この地方のアカマツやクロマツの植生である。ところがそのような植物の自然な再生と営みに対して、戦時中には松根油づくりや地下壕造作などのために、再び大量の彼らが国有林・民有林を問わず乱伐された。やっと生き残り育ったものも、近年のマツノザイセンチュウ（マックイムシ）によって壊滅的に枯れてしまい、照葉樹林にとって変わられつつある。

砂漠という大半の生物にとっては不毛の土地であった米国アイダホ州などでは、地下水を汲み上げて灌漑用水を確保し、肥料づけで単一栽培を旨とする産業的大規模集約農業を展開する。そこでは病虫害に対しては農薬を大量に用いなければならない。これに反して今日に有機農法といわれる農業は、ジャガイモにつく害虫のハムシの幼虫やアブラムシを食べる益虫を呼び寄せるためにエンドウを植える。益虫がやってこないか少ない時にはテントウムシを放ち、雑草も含めて多様な野菜の共生として害虫や病気を抑える。このようにして植生やその規律に人間が介入することは、なかなか一筋縄ではいかない。

人間界に限らず植物界にも対立や敵対行為はある。クリやクルミやユーカリの木の周りでは、ある種の物質が発せられて草などの他の植物を寄せつけず、菌類であるキノコやトリュフも一定の縄張りを形成する。とはいっても普通には自己防衛的であり、生存競争といっても一方では融和がある。かたや植物による動物への敵対性には、いかにも攻撃的とみられる場合もある。例えばバラやキイチゴ、アザミやヒイラギは、これらを触る者を痛い目にあわせ、オオムギの穂は手袋や衣服を突き刺し、サボテンの棘は皮膚に刺さるとなかなか抜けない。イラクサに至ってはその毛に毒があり、触ると折れて皮下注射のように皮膚に注入されて腫れる。他に枝に棘があるのはカラタチ・トキワサンザシ（ピラカンサ）などであり、葉っぱに棘があるのはオニノゲシ・ヒイラギナンテンなどであるが、ヒイラギは老木になるとどういうわけか棘がなくなる。

ボケは花のつく枝にはないが、花のつかない前年の新梢には棘がある。ブーゲンビリアも枝に棘を持つがそれは花への成り損ないともいい、棘が多い場合には花が少ない。原産地が中央・南アメリカの熱帯雨林だから十分な日照や水が好きなのだが、そういう条件下にあっても何かのきっかけで花芽となるべきところが棘になってしまうのだろう。ある年のわが家のそれは、植え替えられて栄養をもらったせいか枝葉ばかりがおおいに生長して、本来夏から秋にかけて赤い花がつくところがまったくつかず棘だらけになった。昆虫を魅惑する花になるかたわらで、一転して防禦の棘というのはなんともその規律性が不思議な生命である。

菌類のキノコ類には多くの毒キノコがあることはよく知られているが、植物にも単細胞の藻類から樹木や草花に至るまで有毒のものが広範囲に存在する。木では、身近なキョウチクトウが花も実も含み樹木全体に心臓に作用する毒がある。葬式の仏前に添えるシキミの種子には神経をおかすアニサチンが、イチイの枝葉や種子には呼吸困難となるタキシンという毒がある。他にはドクウツギの実やアセビの葉、エゴノキの実やコカの葉などが知られている。

草花では、フクジュソウやドクゼリの根、フサザキスイセンやヒガンバナの球根、バイケイソウやブルーアイリスの若芽、スズランやトリカブトの全体などが有毒である。変わったところでは意外にも、クリスマスの花として人気があるポインセチアに発ガン促進物質、クリスマス・ローズには心臓への毒がある。可愛しいスイートピーには、動物にも人間に対しても脚などの頸椎マヒと後遺症を残す毒がある。中にはイヌサフランのコルヒチンやケシのモルヒネのように、痛風の薬や手術麻酔薬として利用もされたものもあるが有毒であることには違いない。

植物の毒素の中で最強なものは、アフリカにある野生のフジに似たムクナの花か、あたかもプラタナスかカエデのような葉を持つ熱帯の低木状草類のヒマ（トウゴマ）と言われる。このヒマの種子は子供なら五〜六粒、大人なら二〇粒ほどで致死量だ。日本にも三大毒草を始め、多くの有毒な植物があり、中でもトリカブトは古来より有名な毒草で、根を中心に全草に毒があって食べれば中毒死（致死量は新鮮な根でわずか〇・二から一グラム）する。アイヌの人々は明治九年に禁止されるまで、その毒を矢尻の先に塗って狩猟に使用していたほどだが、芽出しの頃は食べられるセリやニリンソウとの区別が難しく、また同じようなところに生えているため誤食による中毒事故がよく起こる。

次にハシリドコロは、若芽がフキノトウやオオバギボウシのそれに似ており、全草柔らかく食べられそうに見かけられて、こちらも山菜として採取し誤食する事故が多い有毒植物だ。誤って食べると死亡する確率が高く、嘔吐や筋肉の痙攣の後に昏睡状態になり、激しく走り回る狂乱状態にもなることからこの名前がついた。またマムシグサは、茎に褐紫色の模様がありマムシの皮膚模様に似ていて、花の形も蛇が鎌首をもたげているようなグロテスクな姿で山中ではよく見かけるが、球茎に毒を含み皮膚炎症をおこし誤って食すると胃腸炎となる。

これほどでなくとも草木には、中毒やかぶれを起こすなんらかの成分を持つものが多い、と思っていた方が彼らの規律への正しい接し方となる。植物かぶれのうち特にウルシノールは、木の近くを通っただけでもかぶれる人もいるとされるほどに強力で、かと思えばウルシの水溶液だと偽って単に水を腕につける披検実験でも、炎症を発することもあるほどに心因も関係すると言ったりする。いずれにしても程度の差はあれ触ればかぶれるが、果して馬や鹿などの動物もかぶれるものだろうか。そもそもウルシやハゼは何のためにこのような成分を持っているかだが、動物による新芽や幹枝の食害を防ぐなど、自らの生長や子孫維持に対する阻害排除のためであるならば、彼らもかぶれなければならないが果してどうだろうか。

植物は光と水と大気と大地によって生き、動けずに動物に食われる受動的な存在という常識を覆すのが食虫植物である。かつての空想科学小説に、昆虫のみならず人間まで食うかのように描かれたこの種の植物は、動物を食べることで同化窒素を獲得する。それを動物の神経組織およびその反射・反応にも相当する動作を伴って行なうために、通常の植物の構造や性質と大きく異なる。

食虫植物には粘液で絡めとるモウセンゴケやムシトリスミレ、壺や筒の落とし穴をもつウツボカズラやサラセニア、すばやく葉を閉じるハエトリグサ、水中で袋に吸い込むタヌキモやミミカキグサなどがあり、世界では一一科二〇属五六〇種にも及ぶ。モウセンゴケは、昆虫を粘膜で捕らえ腺毛で包みこみ酵素を分泌してたんぱく質を消化してしまう。捕えた獲物を消化して自分の栄養分にするのは生物社会では動物の特権なのであるが、植物の一部にも進化や突然変異によってその形質を持つものがあるという事実に、動物の祖先は植物かなどと思ってしまう。

この他にも植物の驚異はまだまだ多くある。刺さると決して抜けずに動物をのたうち回らせ、喰いこむばかりの棘を持つ植物にアフリカのライオンゴロシ（デビルスクロー）やマダガスカルのウンカリーナがあるが、人間がやられた場合にはこれは殺人植物というのだろうか。とはいえ彼らは自衛のためであったり、動物を捕捉しその栄養成分を吸収しようとするものであったりで、同類に対して敵対的な殺傷や戦争を行なう人間のように、悪しく規律化しているわけではないのは間違いない。

このように、植物が日光への鏡や季節時間への時計を持っていて、確実な発芽や開花を行なうとか、寒暖に応じて気孔を開閉するとか、運動能力や情報力があるとか、子孫をより多く残そうとするさまざまな方式を獲得しているとかなどは序の口で、もの言わぬ植物も考えている、聞いている、感情がある、コミュニケーションしている、合理的に毒物をもっている、神の采配としか言いようのない見事な共生関係を規律化している、といったことを解析する植物科学が進展している。単に擬人的・情動的に理解するだけではなく、化学分子物質の体内生成や流動や発散などについて研究されている。

研究成果は農業や園芸を中心に生産面での応用に向けられ役立つことになるが、インドの物理学者シャガディシュ・チャンドラ・ボース（一八五八〜一九三九年）は、これらに先だって多くの実験から得た知見から、一九〇〇年に生物と無生物の間に境界はないと結論づけた。当時の生物学会は猛反発したそうであるが、今日の植物生理学や生理物理学、生物心理学や遺伝子学などの科学的証明によって支持されるところとなっている。

植物はなぜ主張するのかという問いの元をまとめれば、植物は進化の歴史にゆるぎがなく自信を持っている、植物の古代代表選手には圧倒的な存在感がある、自らを律することや仲間と共生する方式は万全である、にもかかわらず人間社会との関係ではその地位が不当に位置づけられている、といったところであろうか。人間が陥りやすい過信などには縁がなく、人間社会のようには混乱や矛盾を生じず、人間における偉人や仙人と同レベルに評してもよいのであるが、そのようには崇《あが》められてはいないのである。

2 生物の都合

★環境と生きもの

環境の共栄

物質的・精神的な人間界に対して植物界は、気候や気象、温度や湿度や風という環境条件を単純な意味ではなく重大な生存条件としつつ、それぞれの元で生きている。植物は自らの知覚や情報力、知性や感性、方式や規律を衰微させるような文化的遺伝子を持たず、その本来の生存基盤は磐石《ばんじゃく》なのである。それらを覆すのはこれまでに述べたような人間の介入か、それとも気象などの自然条件の大幅な変化である。

花がまだなかった頃の二億年ほど前の世界は、進化の速度は遅かった。シダやコケ、ソテツや針葉樹はあったが、それらは胞子や花粉を風や水に乗せて運ばせるだけで、偶然にしか同じ仲間の他の個体にたどり着けなかった。めぐり合いがかなった場合にのみ小さなタネができた。こうした地域的にも限られた近親交配によってでは、新しい種が生れる可能性は低く多様化にはほど遠かったのである。

白亜紀になって被子植物が誕生すると、地上に花が咲き、風や水のみならず昆虫をはじめとする動物たちを生殖に利用するようになった。花はそのために目立つ色や形となって彼らをひきつけ、実や種子も大きくして恒温動物の食料にさえもなるようにした。これらのことによって、自らの伝播・移動地域の拡大を図ることに成功した。

さらに、花はより美しくてより香り高く、実はより甘くてより多くなり、あるいは花粉の伝送パートナーとの間でより有利で個性的、より細かい専門化が進んだ。こうした植物と動物双方の多様化が展開する共進化が、驚くべき速度で進んだ。もし花がなければ、葉だけで生きていける爬虫類が依然として主役であったかもしれず、この地球上ではやがて来る人類の誕生さえもなかったのである。

このような自然界における花と動物、とくに昆虫との共進化についてはは繰り返すまでもない。しかしリンゴ、ブドウ、バラ、チューリップなどと人間において、栽培における品種多様化を通じての共進化があったというようなことは普通には思わない。それを米国のジャーナリストであるマイケル・ポーランは、リンゴが甘さ、チューリップが美しさという人間の欲求や欲望の満足に応えることを通して、植物の方から多様化を図ったと言えないだろうかと考える。

そうした視点で、鉄砲と斧が欠かせなかった開拓時代の米国にあって、タネと苗を携えて西へ西へと歩んだジョン・チャップマン（通称ジョニー・アップルシード、一七七四〜一八四五年）の伝説を追いながら、リンゴが拡散し品種が増えていった事実を解き明かしてみせる。あるいは、オランダでのチューリップバブルの狂奔《きょうほん》の顚末を辿りつつ、植物の戦略を巧みな筆致で説いていく（『欲望の植物誌』西田佐知子訳、八坂書房）。

花の側の仕掛けが野原や森林において昆虫や動物に対してしか展開されない、というふうにみるのもたしかに片手落ちである。田や畑といった栽培地において、人間を相手にもなされるというふうにみるところに、ポーランのユニークさがある。それは、数えきれないほどのバラやチューリップの品種を取りあげてみるとよく分かる。エリザベス朝時代からヴィクトリア朝時代へと人の好みの変化につきあい続けたバラや、自らも遺伝子的に変化しやすいとされるものの、オランダ人からイギリス人に至る人為選択にさらされたチューリップが、時には飽きられて打っちゃられても今日までさまざまな場所や地域で、多様に生きてきたことこそが彼らの勝利でもある。

バラやユリやシャクヤクなどは香りや食用や薬用といった美しさ以外の効能があったが、チューリップに至っては新たな色や形が突然現れるなどして、ただ美の追求の対象としてのみにオランダ人を狂奔させた。チューリップ狂というフローラバブルの後には、「庭の中の邪《よこしま》な女神」「異教のトルコより伝来した球根を告発する」などといった冊子が、ベストセラーになったという。植物学を講義するある大学教授までもが、街中のチューリップを見つけ次第に杖で叩きつぶしたともいう。チューーリップにしてみれば、美と富に目がくらむあざとさや節操のなさ、共に進化するという高邁な志向に気づかない人間のレベルの低さに、厭きれてものが言えなかったことだろう。

ポーランは、幾多のリンゴの栽培品種のうちでも頂点にあるゴールデンデリシャスとジョナサンのかけ合せであるジョナゴールドをかじりながら、栽培における共存の勝利の陰でリンゴに限らない野生種の自生地が、どんどん地上から消滅していることに思いを馳《は》せる。本当はそうした成功者のことよりは、開発や破壊によって征服され駆逐されるあわれな植物の立場こそが大切だと。彼らこそ人間の横暴の前にその地位を追われ、主張する機会も与えられず、悲嘆にくれて消えていく運命にあるからである。この先は、さまざまなタネをジーンバンクとして保存しながら、それらの中に野生の遺伝子を維持していくしかないと言い、クローンや遺伝子組み替え技術に疑問を呈している。そして、ヘンリー・D・ソロー（一八一七～六二年）の「野生の中には世界が蓄えられている」という言葉にかえて、ウェデル・ペリーの「人間の文化の中には野生が蓄えられている」という言葉に望みを託している。

多くの植物は、花を咲かせ果実や種子を結実させて、再びその種子を出発点として芽生えと生長、開花と結実の変わらぬ輪廻を繰り返す。その意味で植物にとっての「果」というのは、生存過程を経たあとの到達点であると同時に生命の出発点だ。いっぽう人間が成果や効果などという時には、生産行為の収穫や消費生活の恩恵のことであり、それらを求めて生産・消費のさらなる拡大を目指す。どんなに時間をかけても豆の木は、現実的には天まで達するほどには生長しないが、人間の想像と欲望はジャックに天まで攀《よ》じ登らせようとする。ジャックは、金の卵を産むにわとりや金銀を首尾よく天界から持ち帰るが、これが豆の木ではなく天からのクモの糸であれば、先に登る者は後に続く者を蹴落とすことになる。

エジプトのファラオは、自らの永遠のために大勢の奴隷の死を土台にピラミッドを造りあげたが、これに限らず人間は、常に他者を踏み台にしたりわれ先に競って高みに達しようとしたりする。地球は丸く大気も閉じた限界あるものだということを知らない時代に限らず、今日に至っても人間はジャックやファラオであろうとする。

宇宙と人類の運命について、奇想なアイディアで壮大かつ華麗な作品を書いたSF作家のブライアン・W・オールディスは、その『地球の長い午後』（原題『温室』、伊藤典夫訳、早川書房）で、地球の自転が止まってしまったために、人間の文明は滅び、ベンガルボダイジュを中心とする巨大な森が天空まで達し、植物体の一種が宇宙を行き交う姿を描いたが、人類有史の間においてそういうことにはまずなりそうにない。

人間は、自然におけるバランスや自己調整の機能を狂わせてでも、欲望エネルギーを枯渇させることなく、向上・発展ということがさながら自己プログラム化されているかのようだ。人間の想念にこのような向上心を植えつけ、進歩ばかりの人類史をひとり歩むように方向づけたのは、果して太陽であろうか古代の呪術者なのであろうか。少なくとも生みの親である植物でないことは間違いがない。

そもそも、優劣をつけることや征服することや利用することなどの振る舞いは、自然物にむけてなされる以上に人間社会自体において増幅されてきた事柄だ。他民族の征服や服従、植民地化や奴隷制度、殺戮や略奪などが広範に繰り返されてきた人類の歴史がある。権力関係や社会制度の成立、武力の行使や覇権の拡張とともに、他民族や領土や自然資源を搾取と被圧のもとに置く。そうした征服ということが目標となって、近代思想の開明期においてはその観念を確実な論理としてさまざまに固めた。私たちは近代哲学と科学以来、万物の霊長観を受け入れて、生物の中でもっとも勝れた存在だと普通に思っている。たしかに思想や芸術の創造、文明や文化の開花をみれば当然のようでもある。しかし、だからといって他の生物が劣っているもの、自然は人間の利用に供されるべき存在、と一義的に捉えて、病弊の克服のようにそれらの征服に走ってきたことにはおおいに問題が残るのである。

生産は消費によって支えられている、都市は生活の集積によって創られている、歴史は知識を集積してきたなどという時には、自然環境は視野の外にある。しかし現代社会について、消費は生産によって翻弄させられている、生活は都市において疎外されている、歴史的知識（伝統・文化）は喪失しつつある、とその時代状況を捉える時にはどうであろうか。そのような場合には、過剰な生産による資源の枯渇、都市開発などによって失われた自然環境、真摯な知識や叡知が傾けられてこなかった地球自然を意識させる。消費や生活や知識のことばかりではなく、自然というものが内なるものとなってくる。生産行為や都市活動や時代意志によってその自然が被圧され、破壊されていることを認識することになる。

万物の霊長観や人間中心主義は、この意味で自然の中から生まれてくるものではなく、宗教や思想家の中に生まれ大衆に向かって教化され実践されたことであるのは、思想史をひも解くまでもなく明らかだ。教化されることによってそれを疑うこともなしに、地上の真実や真理だと私たちは受けとめているにすぎない。消費や生活様式の隅々まで商業コマーシャルの教宣によって浸されるのと同様に、科学的な真実よりもただ流れる情報を善や真として受けとめてしまう。国家観や人間観や自然観は、思考や体験の結果というよりは教育や教化によって形成されることが多いが、そうした歴史は覆《くつがえ》りつつある。やはりソローが言うように、これからは自然に内在する価値を見つめ、内なる自然を抱きつつ私たちはやっていく必要がある。

利己的な生命

動物行動学者のリチャード・ドーキンスが著作『利己的な遺伝子』において、どのような動物個体も自己の生存にとって有利な行動になるように遺伝子決定されている、という理論を発表したのはすでに三〇年以上も前の一九七六年のことであるが、衝撃的でたいへん話題になった。内容が、これまでに随所で述べ最後にも触れることになる人間中心主義や人間非中心主義（自然主義）、生命主義や生態系主義、個体主義や全体論主義の立場に関係すると思われるので、ここで少し振り返ってみたい。

その前に、今日において利己主義と普通に捉えられるのは、自らの利害ばかりを主張し他人の立場を考慮しない利己的個人主義、もしくは利己的自由主義をいう場合が多い。しかし、本来の利己主義の意味は次の二つであるとされる。まず倫理的利己主義は、人間の行為は自己の最大幸福にその善悪や正・不正の基準があり、そうした自分自身の利害に動機づけられて行為すべきである、とする立場である。各人が理想的な倫理的利己主義実践者であれば、その動機と行為は何が究極的に自他の利益となるかを判断して行なわれ、社会の利益と合致するとする。もう一方の心理的利己主義は、人間の行為自体はもともと常に自分自身の利害に動機づけられている、とする立場である。

ドーキンスは、動物において利己的というのは「自己の生存率や繁殖成功率を他個体よりも高めること」と定義する。反対に利他的とは、「自己の生存率を損なってでも他個体の生存率を高めること」となる。動物の遺伝子が携えており、本能に備わっている利己主義を言おうとするので、人間の場合でいう心理的利己主義に該当する。

さてドーキンスは、鳥の群れにおいて天敵の襲来にいち早く気がついた個体が、警戒の鳴声を発するのはなにも危険を知らせ仲間を守るためではなく、自分のためだというのである。天敵に気がついたその鳥は、自分のみが浮き足立っては目立つことになり、かえってやられてしまうので警告によって群れ全体を飛び立たせ、その中に自分も埋没して逃れるためにとった対処だというのだ。どう擬人化しようにもそれは利他愛でもなんでもなく、むしろ利己的な行為だというわけである。

確かに、警戒音を発した個体がその利他的行為のためにより多く犠牲になるとすれば、その利他的特質はどのようにして子孫や他の個体や個体群、ましてや種全体に広まるのかという疑問が残るので、利他主義よりは利己主義のほうが頷けるところとなる。わざわざ傷ついている振りをして逃げ、天敵を引き寄せて幼い子供を守るという場合の親の行為についても、守るべきは他の個体や群れの仲間ではなく、まさしく自らの遺伝子のコピーである子孫の安全のためである。その点においてなんら利己的でないことにはならず、ましてや利他的であることにはならないというわけである。

身近な観察だが、庭木のツバキの花蜜を吸いに来るヒヨドリがおり、いつも一匹で来てあのかん高く独特な鳴声をしばらく発してから蜜を吸い始める。むこうで鳴声の聞こえる仲間はやって来ず、そのうちにどこかへ行ってしまう。これが毎回同じなので、このヒヨドリは仲間を呼ぶために鳴いたのではなく、自分が天敵に襲われているかのようにけたたましく鳴き、かといって助力を求めるのではなく、むしろ仲間を警戒させて遠くへ追いやり、蜜を独り占めするつもりであるのかということになる。

医学が発達する以前までの人間も含めて、動物の個体群がどこまでも増えつづけたり、大半が老衰に至ってから死んだりするということはない。そうなる前に、餓えや病気あるいは捕食者によって群は一定の数に保たれる。このことについて、動物が餓えを避けるために自ら出生数を調節する、というウィン・エドワースによる見解もある。例えば、ネズミ科のレミングは大繁殖と激減を周期的に繰り返すが、飽和状態になった個体群が棲息密度を下げるために集団自殺をするとみる。

しかしドーキンスは、レミングはより密度の低い場所を求めて移動し、不運にも川や海に突入してしまうに過ぎず利己的な行動の結果だとみる。とすると外洋の小魚がサメやイルカの襲撃に対して一団の黒い集団になるのも、協力し合って大きな怪物に見せかけて敵を脅すというのではなく、自分が助かりたいがために群れの中心に各々が向うためだということになる。

このように集団の全体利益のための利他的なことからなのか、個体自体の繁殖のための利己的なことからなのかで議論が分かれている。前者は、数に限りのある縄張りを持てない個体は、しかたなく繁殖の許可証をあきらめるのだというようにみる。そうした縄張り制や順位制にみられるような動物の社会生活の総体に、個体数の自己調節機能があるとする。後者は、鳥類の一つの巣における卵数にみられるように、雛の子育てにはエネルギーと時間をかけなければならないために、それとバランスする卵数となっているとみる。鳥の種類によって特有な卵数は、遺伝的な支配下にあるとするのである。前者は、集団全体にとって最適な卵数を各個体が利他的に目指すことになり、後者は自身が育て得る卵数を各個体が利己的に目指すということになる。

動物行動学者であるコンラート・ローレンツ（一九〇三〜八九年）は、動物の攻撃は威嚇のしあいやこけおどしな仕草がみられ、降伏の仕草を認めれば勝者は相手を殴り殺したり咬み殺したりするわけではなく、グローブをはめたり剣先を丸くしたりして行なわれるボクシングやフェンシングのような、ルールに則った抑制がきいたものである、とするよく知られた理論を展開した。

しかしドーキンスはこれらについても、徹底した喧嘩好きには利益と同時に損失もあり、利得があるかもしれないがコストもかかり、目前の敵を取り除いたとしてもまた敵が現れると考える。大きくて複雑な競争においては、さらにその他者との関係もあり、攻撃ばかりが必ずしも都合のよい結果とならないことを無意識のうちに知っているためであって、種レベルにおける性善説・利他主義で説明するのは間違いであると言っている。

そうした行為の特質が獲得されてきた理由については、その個体群全体が天敵からうまく逃げおおせたならば、それは進化における自然選択での成功であり、そうしない他の個体群よりは高い生存率となる結果だとする。ドーキンスは、個体が持つかまたは個体群共通の遺伝的特質と種全体のそれとを混同するところに、ローレンツほかによる利他的な行為だとする説明の誤りがあるのだと述べている。

リチャード・ドーキンスの遺伝子進化論は、個体群や集団もしくは種における自然選択（淘汰）論とは立場を異にしている。遺伝子は自らがたくさんの複製として存在する自己複製子であるが、その定義を「染色体物質の一部であって、自然淘汰の単位として役立つだけの永い世代にわたって存続できるもの」としている。自然淘汰において生き残っていくための特性は、複製が忠実に行なわれる正確さ、進化のうえで意味が表れるに十分な期間を生きのびることができる長命さ、数えきれないほどの複製の量的多産性だからである。それは一万年、一〇〇万年単位での老衰のない無数の複製の寿命を意味する。

「ニワトリが先かタマゴが先か」などと哲学的に悩まず、「ニワトリには、タマゴがもう一つのタマゴをつくる手段である」と遺伝子学は割り切る。胚が作られつつある時には、その後に生まれる生命の前にどのような敵や獲物が現れるかはどんな遺伝子にも分からない。ところが遺伝子は、予測や予言に似た作業をきちんと行なっており、例えばホッキョクグマの遺伝子は、やがて生まれる子グマの環境が寒く厳しいものであることを知っていて、黙々と分厚い毛皮を作り、雪が積もることを想定してその毛皮を白くもする。ただし北極の気候が急変し氷雪が解け、熱帯のようになってしまうことまでは予測できず、その際には遺伝子は、乗り物である子グマとともに滅びるしかない、と脳神経学者のジョン・Z・ヤングは言っている。

進化生物学者のジョン・M・スミスは、動物には「相手を攻撃しろ、逃げたら追いかけろ、反撃してきたら逃げるのだ」という行動方針が個体群の大部分のメンバーに採用されており、それが遺伝子に組み込まれていて別の方針にとって替わることはなく、いわば進化的に安定した到達戦略になっていると言っている。自分も傷つき死ぬかもしれないのに猛烈に攻撃を仕掛けたり、余分なエネルギーを注ぐことになる利他的な介入をしたりはせず、当面は自制し待機して将来に望みをかけ、チャンスがきたら打って出ることに賭けるというのが、遺伝子の利己性であるというわけである。

普通には無害で利益さえ与えているバクテリアは、人間がけがをしたとたんに意地悪に変化して致命的な敗血症さえひきおこす。これを利己的遺伝子理論、人間と人間に寄生するバクテリアとの間での「囚人のジレンマ」ゲーム理論によって、ドーキンスは以下のように説明する。普段は抑制してチャンスを待っているバクテリアが、重大なけがを負った人間のゆくえは短くゲームは間もなく終わると読んで、相互協力による報酬よりも背信による利得への選択肢を手にする。もとよりバクテリアがそのように考えるというわけではないが、これまでの永い淘汰と進化によって純粋に生化学的な手段に訴える方法を、遺伝子に組み込んでいるというわけである。イチジクとイチジクコバチの関係においても、もしコバチがあまりにも多くの卵を花に産みつけるという背信を犯すと、イチジクはその実の発育を自ら停止させ、「やられたらやり返す」の方針通りコバチの幼虫を死滅させて報復するとみるのである。

ドーキンスのいう利己的な遺伝子が、生物進化の過程で獲得されてきた特質であるならば人間も例外ではなく、利己主義というのは動物的本性であるということになる。人間にはさらに、不正を働いてでも自分だけの功利をいち早く得るといったような得手勝手なところがある。利害だけに動機づけられて行動するそうした「心理的」利己主義そのものによって、矛盾に満ちた社会をつくった上に、猜疑と不安と悩みにさいなまれる存在となっているかのようでもある。

私たちは、動物というと暗黙のうちに〝人間以外の動物〟としてしまうが、むしろそうした動物たちこそが、人間が定義する「倫理的」利己主義がいうところの、行為の基準が自己の最大幸福になっているようにみえる。利己的な遺伝子が、そうした動機づけによって発揮され生物社会全体の利益と合致することになるとなれば、植物の共存世界は動物以上にいっそう「倫理的」である。さらに例えば、水生植物群落の中には窒素・リン除去効果による水質浄化を行なうものがあって、ホテイアオイが有名であり、オオフサモやウキクサもあるのである。ドーキンスは、動物の本性が遺伝的にいかに利己的であっても、人間においてはそれを克服し利他的でありうる能力もまた持っていると述べているが、私は植物社会にみる他利性や共生関係などをまず捉えなおすことが先決ではないかと思う。

生物の環世界

さらに話は飛ぶが、ハチドリは中南米地域を中心として三二〇種類ほども棲息し、中でもキューバにいるマメハチドリは全長六センチメートル、体重二グラム弱しかない世界最小の鳥である。花蜜を吸うために花の前で空中浮遊するホバリングや、飛行中に方向転換する際のアクロバットは、一秒間に五五～八〇回という驚異的な翼の高速回転から生まれる。心拍数が分あたり一〇〇〇回にも達し、時速一〇〇キロメートルで遠征もするハチドリにとってのエネルギー源は花蜜だ。花蜜は燃焼効率と品質の高いガソリンそのものだが、体重が最高でも二〇グラム程度の小さな体とはいえ、このようなエネルギーを発揮するための蜜の採集には、一回で二〇〇〇におよぶ花を訪れなければならない。そうした蜜の取得が常に維持されず一たびバランスが崩れると死に至る、というなんとも忙しい生き様である。それほどに一生懸命なハチドリにとっての一秒間や一生は、人の想像に反してじつに長い時間でもあるかもしれない。

花の前に留まって蜜を吸うハチドリの回転翼は、あまりにも高速羽ばたきなので人間の肉眼には映らず、泳ぐ小魚に向かって急降下するカワセミやコアジサシにしても、その飛翔は目にも留まらない。高速度カメラで撮影し通常速度で再生すれば、スローモーション映像としてこれらの運動は見ることはできるが、それを見て感心するのは人間ばかりで、彼らにしてみれば、低速度カメラで撮った動きを通常速度で再生する、つまりハイスピードモーションの知覚に従って運動を行なうから、泳ぐ小魚こそスローモーションに見える。このようにハチドリやカワセミやコアジサシは、それぞれが固有の知覚でもって環境の時空間を捉えているから、何事にも人間の知覚や想念を枠組みにして考えるのは先入観というものであって、科学的とは言えないということになる。

動物行動学の先達であるヤーコプ・ヨハン・ユクスキュル（一八六四〜一九四四年）が、一九三〇年代に唱えた「環世界」という概念（umwelt）がある。動物主体にとっての外界は、私たちが自然科学的で客観的なこととして認識しているような環境とは違って、それぞれの動物主体によってその対象から抽出・抽象された主観的な認識の世界である、というのである。例えば、葉っぱにいるイモムシにとって、その葉は自分の食物だから重要で意味あるものとして認識されているが、その近辺にある他の植物は食べる対象ではないので意味を持たない。ましてや空気自体についてはなんら認識の埒外《らちがい》なのだが、自分を食べる天敵であるハチやトリの羽ばたきによる空気の波動は、そよ風による波動とは違って大きな意味となる。そのような空気の動きに対して、彼らは身をくねらせて逃げようとし、あるいは地面に落ちて敵を避ける。彼らが生きていく上での重要な認識はこれらのことに尽き、美しい花や遠くの山並みはその認識の世界にまるで存在しない。

こうしたことを説明するのに動物行動学者の日高敏隆博士は、ネコにおける認識行動の実験例やアゲハチョウ（ナミアゲハ）に対する観察結果を例示している。アゲハチョウは、例えば右側を飛んでも左側は飛ばないことがあり、その右側とは陽が当たっている木の梢の上であって、左側とは日陰になっている木の側である。アゲハチョウの仲間、特にナミアゲハは柑橘類の木の葉に卵を産みつけ、幼虫はその葉を食べて育つが、雄は自分の子を産んでもらわねばと雌を探して飛び回る。その遭遇の可能性が高いのは当然にして柑橘類だが、それは陽樹であるゆえに、それが生えている可能性が高い陽の当たる木の上を飛び、無駄骨となる日陰や草むらや池の上は決して飛ばないということが、彼らの「環世界」であるというのである。

このことを、幻覚・幻影・幻想・錯覚などの意味の可能性を含めてイリュージョンという概念で扱おうとして、ユクスキュルが提示しなかった視認範囲の問題も提起されている。動物によって視覚はさまざまであるが、地面をはう虫ではなく空中を飛ぶナミアゲハにしても、木か草かの一〇メートル程度の漠然とした視認にすぎず、柑橘類の葉や雌の識別となるとせいぜい一から一・五センチメートルであり、モンシロチョウの場合でも七五センチメートルくらいとされる。それ以上は必要がなく、そのこと自体が人間の認識しているような環境とはすでに違っていて、チョウはこのようなイリュージョンによって自分たちの世界を構築しているとする。

人間自身にしたところで、赤外線や紫外線は目に見えないので機器を発明して観測したり、生きている者には死の瞬間の体験はできないから、死や死後の世界については信仰や宗教などの中で語られてきたりしたのである。その点から博士は、どんな動物であってもイリュージョン抜きには世界は見えないとし、それらは神経系の知覚という枠組みの中で構築されるとしている。同じ生物でも一般に神経系がないとされる植物、たとえば松なら松にも独自の世界が果してあるのだろうかという問いを投げかけてもいる。

植物はハチドリやアゲハチョウのようには行動がとれない、いや、とらない。しかし以上のことをこれまでにみてきた視点から受けとめると、植物も同じ地球の時空間に存在してきた生命体であるからには、運動しないにしても彼ら固有の知覚をもって環境を捉えているといえる。樹木自身における時空環境は、発芽と生長、開花と授精、種子と繁殖という時間量と、土壌養分や水分や光量のとどく大地における、自分が十分な生長を果すことができる空間量とであることを、彼らはきちんと捉えている。

それらを多く必要とする樹種は、森林の中ではある程度の条件が用意されないと発芽しないか、なんとか発芽しても大きくなる前に枯死してしまう。枝の張り方も葉のつき方も空間量に規定されて変化する。光の獲得のために葉が互生することとは別に、こうした空間に見合う大きさで生きるという植物の性向は、環境の知覚によっていることになる。混交林における樹木の共生空間は、このような意味での「環世界」が全体の原則になっているということができる。高木が優位で中低木が下位の植物階層であるというような、人間社会の階層を当てはめて見ることはやはり間違いということになる。

朝顔・昼顔・夕顔が時間を違えて咲くようなことを含めて、彼ら同士において時空間の棲み分けをなして共生しているわけである。そうしたことからも植物種の混交は、てんで勝手なことにはならない統合の植生となる。光量や気温や水分や土壌などの気候・風土に左右されることが大きいとはいえ、隣同士には仲良しな樹種が空間的にほどよく寄り添っているとみてもよい。仲良しになるフェロモンがあるかどうかは分からないが、少なくとも隣を排除する化学物質を揮発させる樹種は存在するから、その逆の状態もあってもよいともいえる。

これらの動物や植物の科学的客観からすれば、自らの「環世界」を自覚せず、一方では先入観や偏見といった主観によって視野をせばめ視界を曇らせる人間は、なんともやっかいな動物だと植物たちは批判的にみていることだろう。あるいは日陰になると文句を言ったり、枝が張り出せば伐採したりするから、樹木の側の認知としては人間はまったくの天敵に違いない。地球自然は人類が出現し発展するよりもはるか以前から持続し、人間はそのこと抜きでは生きられない存在であるにもかかわらず自然界を撹乱し続けることに、植物たちは抗議している。植物との共生などという場合にも、人間自らの地位を高みに置いたままで植物社会を観察するようなことでは、いずれにしても彼らにとっては撹乱者であり破壊者であることに変わりはないと非難するだろう。私たちは共生という以前に、まず植物たちにとって害ある寄生的存在であることを自覚することから出発しなければならないのではないかと思う。

★進化といのち

進化論から

気候帯と植物帯とを関連づけ、生活型を中心とする空間的・地理的な分布相として植物の生存をみる方法をとったのが、アレキサンダー・フォン・フンボルトである。その著作『宇宙《コスモス》』は、今日に私たちが理解する植物生態やみどりの地球像の原典となった。かたや時間的・歴史的な法則から生物の存在の根本を考えて、進化に思い至ったのがチャールズ・ダーウィン（一八〇九～八二年）だ。「生物がもつ形質は、同じ種であっても個体間に違い（変異）があり、それは親から子に伝えられたもの

(遺伝)である。いっぽう環境の収容力は常に生物の繁殖力よりも小さく、同種の子どうしまたは他の生物との間で生存競争が起こる。そのために、生まれた子のすべてが生存し繁殖できるほどには、生存確率は大きくはない。個体間の違いに応じて次世代に子を残す可能性に差が生じ、有利な形質を持ったものがより多くの子を残す」という、「自然選択(自然淘汰)説」を骨格とする生物進化論を、一八五九年の『種の起源』により発表したことは周知のとおりである。

大著『昆虫記』を書いたジャン・ファーブル(一八二三〜一九一五年)はこの進化論について、「過去のことをはっきり言う。未来のこともはっきり言う。だが現在のこととなると、できるだけしゃべるまいとしている。進化が行われた、進化が行われるだろう、そして困ったことにそれは現在には行われていないのだ。三つの時のうち、一つだけが進化論から抜けている。しかもそれは私たちにじかに関係のある時、仮説などとでまかせの言えないただ一つの時だ」と揶揄《やゆ》した。

そうした反論のために昆虫学者としてのファーブルは、膜翅《まくし》類の一種で寄生バチであるサピガの幼虫が、寄生したツノハキリバチの卵を食べてしまい、その後も卵からかえったツノハキリバチのために運ばれる蜜を食糧にして繭《まゆ》になり、やがて成虫になる例を引いている。サピガは分類の上では肉食のツチバチやアリバチの仲間とされており、ということは肉好きの祖先から甘党の虫が分家として進化してきたことになる。それは、オオカミに怠けぐせがついてヒツジを食べることを止め、甘党の草食獣になってしまったようなものだ、といって憤慨したのである。

形質の違いはどこから来るかという変異や遺伝の未解明な部分が残っていたが、その後、ユーゴー・マリー・ド・フリース（一八四八〜一九三五年）は一九〇一年に、メンデルの法則の確認を踏まえたオオマツヨイグサの栽培実験において突発的な変異を発見した。彼はこの成果に基づいて、進化は突然変異によって起こるという「突然変異説」を提唱したのである。ダーウィンは有利な性質を持っていることを適応しているとし、適応が繁栄につながると考えて適者生存の自然淘汰であるとしていた。しかし、個体変異に選択をかけても特定の形質のものが残るだけであり、新たな形質の個体が生まれるわけではないことから、突然変異によって新たな遺伝子を含む個体「群」に選択がかかり、それによって進化が進んでゆくという考え方がここに広まった。こうしてダーウィンの自然選択説を基礎にしつつ集団遺伝学、系統分類学、古生物学、生物地理学、生態学などの成果を取り入れ、生物の形質進化を説明するネオダーウィニズム（総合説）が主流になった。

ところがダーウィンに立脚する進化論では、まったく偶然に生じる突然変異によって生物進化の方向が決まることになるために、自然選択は有利な突然変異が生じなければ意味をなさないことになる。そこで、生物は進化の方向を決めているはずだとする説や、新たな環境に適合するために外部形態を進化させてきたとする今西錦司博士の「棲み分け論」説がでた。棲み分けとは、カゲロウの生態に関する研究を通じて提唱された種同士の社会的関係を表す概念であり、生物は互いに競争するのではなく、棲む場所や時間を分けあっているというものである。進化はそれぞれの環境に適合するように進むという説は、自然淘汰や長い時間経過による変異進化のダーウィニズムと対立するものとなった。この今西理論は、進化の過程には突然変異の生起を一定の形で拘束する構造的要因がある、と考える構造主義進化論の側からは支持されている。

この他、ダーウィニズムの漸進的進化に対して、種は急激に変化する期間とほとんど変化しない平衡状態の期間があり、進化は区切りごとに突発的に起こるとする「断続平衡説」がある。この説は、シーラカンスやカブトガニ、メタセコイアやイチョウのように億年の昔から同じ姿で生きてきた生物がおり、その他の中間段階の化石がこれまでほとんど見つかっていないことを取りあげる。何百万年も変化し続ける過程での中間種そのものは存在しないとするかたわら、ガラパゴス諸島におけるダーウィン・フィンチ鳥類のように、人間の観測可能な速度での種分化が進んだ例があるとする。そして進化というものは、新しい種が出現したり絶滅したりすることがまず契機だとするのである。

一九六八年になって木村資生教授により、生物にとって有利な変異ということは少なく、有利でも不利でもない中立的な変異が多く、それらが偶然広まって進化が起こるとする「中立進化説」が発表された。中立的な突然変異は、それが起きても子孫を残せる確率は変わらないが、個体によってはたまたま多くの子孫を残すものもいれば残せないものもおり、そうした遺伝子は運がよければ子孫の個体に残るだろうし、悪ければ消えてしまうというわけである。運よく子孫の個体に残った中立的な突然変異が集団のなかに広がって定着していけば、この遺伝子に起きた変異は自然淘汰ではなく、まったくの偶然によって広がり進化を起こしたことになるとする。

有利な変異であれば、その突然変異の遺伝子をもつ個体の生存率や繁殖率は、その生物の住む環境において高められることになり、生存に不利な変異は自然淘汰によって排除されるという点では淘汰説と共通する。この理論は近年発達した分子生物学のDNA研究において、生物のDNAに刻まれている遺伝情報の類似性をもとに、種分化の起きた時期を調べる分子時計や、生物進化の系統図を構築する分子系統進化学の支えとなっている。

ところで爬虫類が飛べるようになるには、その骨格や羽毛や心肺などについて突然変異の偶然の積み重ねによって変身していかねばならないが、そのようなことはいくら時間をかけても不可能ではないか、という素朴な疑問がでる。そこで、DNAとそれを保護する蛋白質の外殻からなるウイルスが運び役となって、種の壁を乗り越えた遺伝子情報の他生物への水平移動と、その種内における子孫への垂直移動、もしくは他生物の生殖細胞への直接的な感染による垂直移動によって、一つの生物種の進化が惹起《じゃっき》されるとする「ウイルス進化説」までもでた。種の遺伝子変化は、ウイルス感染のような強く短時間な伝播でなければ説明がつかないというわけである。この説によれば、なぜ生物細胞が突然変異し、どうして個体から種へと拡大するのかといったダーウィズムも的確に説明していない問題や、「種は変る時になれば、変るべくして変る」とした今西進化論の、種一体としての変容を補うことができるとしている。

一四世紀のペストの大流行（一三四八年）によって、当時のヨーロッパ人口の四分の一にあたる二五〇〇万人もが死に、現代においてもインフルエンザとエイズというウイルス病に脅かされ、これらは病弊と死へのおおいなる恐怖である。たとえそれを克服してもDNA移転の媒介者としてのウイルスは常に健在であり、形を変えて人類の進化または退化を促すと「ウイルス進化説」は言う。枯れた木の葉とそっくりなコノハムシの擬態をみると、それはもちろん適応などではなく、かといって個体の突然変異と長い時間をかけての自然淘汰とはとても思えず、植物と動物の間においてさえ遺伝子情報の転移があるかのごとく想像させるとも言っている。

この説は実証性にとぼしく科学的理論になり得ていないと批判されているが、生物界においてひとり発展を信じてやまない人間の、行動と存在の根本を問いかけるこの部分には考えさせられるものがある。そういえば、チューリップが突然ブレークしてめずらしい品種が登場する原因の一つも、アブラムシがもたらすウイルスのしわざによるものであった。それが分かった時に栽培家たちは自らも犯されたかのように、それまで狂うほどに寵愛したブレーク品種をうち捨てたのである。

冬虫夏草は、冬は虫で夏に草になるものであり夏は草で冬は虫になるものではない。ミンミンゼミに対するセミタケとかカメムシに対するミミカキタケ（カメムシタケ）などのように昆虫に寄生していて、その昆虫が死んだ後に死骸から伸びてくる小さなキノコだ。私たちはこれらやコノハムシやミドリムシを見て、動物と植物の垣根とは何かという思いにふける。

ところで、なぜ有毒植物は進化の過程でわざわざ毒を集めたのであろうか。人間がするように、呪術のためにシャーマンが見出して密かに使ったとか、皇帝を暗殺するために用いたとかのようなことではもちろんない。かといって、今日の化学合成技術によって偶然または目的をもって作り出されたのと同様に、自然界のなせる技であるというだけでは不十分だ。とりあえず仮の出発点を、既に地球に存在していた単独で毒素のある化学物質が水分や養分と共に根から吸収されて、ある種の植物の体内に蓄積されたということにしよう。その植物をたまたま採食した動物が苦しんで死に、またその繰り返しによって毒性を保有した植物が近くの他の植物種に比べて生き残り、より子孫を残すことになったならば、その過程は敵対的な優位選択ということになる。

これは、トリカブトやイチイやキョウチクトウなどのように、葉のみならず枝（茎）や根に至る全体が有毒である場合にみられる説明としては有効だろう。イモ類のような根に栄養貯蔵が顕著な植物は、葉での光合成養分の体内伝送と蓄積が根に対して行なわれるので、毒性の化学物質もそれに伴って特に根に蓄積することもあると言うこともできる。

しかし、問題は花への蓄積においてである。これまでに見てきたように花は生殖器官だから、花が有毒になってしまってはその目的に支障が出るのではないかと思える。ところが、虫の中にはその毒にやられてしまうものばかりではなく、自家解毒によってなんともないものもいる。こちらを伝紛者としてパートナーにすればよく、前者に対してだけが防禦の役目が働けばよいということになるのである。

ここまでは毒が蓄積される植物生理的な見方であり、有毒植物はなぜ毒を集めるのかの回答にはなっていないような気がする。私たちはすぐに「植物は、まさかあれこれ考えてやるということはないだろう」と考えるが、植物のさまざまな知覚や能力についてみてきたことを思えば、先入観は持たない方がよい。人間同様の知性があるというのは少し思い込み過ぎだとしても、植物自身の体内生理や「機能」、敵対的もしくは友好的な動物との「構造」的関係には、うかがい知れない事柄が多くあるのである。そして植物には、人間や動物には計り知れない「時間」と「環境」の側面が常に伴っている。

私たちは「時間」というと、一時間や一日、一年や一生、千年や万年、縄文時代や文明史などとして捉えているが、一億年というようなことになると、これは一定の時間長さの実数感覚というよりは、言語的な観念もしくは数学的な概念のようになってしまう。地球史や生物史に相当に詳しい人は、地球誕生の四五・五億年前から今日までの経過を頭の中で順次たどり、その走馬灯のような変化として確認するかも知れないが、それも時間感覚とは言えないだろう。

イソップの「ウサギとカメ」の寓話についても、私たちはえてしてカメがウサギを追い抜いたというカイロス（決定的瞬間・行動のチャンスとして主観的に捉えられる質的時間）にとらわれてしまい、流れるクロノス（季節の変化や物質の変容などの認識可能な事物・空間の状態に置き換え客観視され計量される時間）については、慣れきってしまっているのか忘れがちになる。しかしそうした認識にかかわらず、地球史はまさしく、一秒の積み重ねとしての億単位の「時間」を経過してきたのだ。「環境」についても、やはりイソップ寓話である「北風と太陽」では勝った負けたに目がいってしまい、太陽エネルギーや地球気象のことを忘れがちとなる。「環境」は、私たちが身近で自己中心的に捉えている自然ほどには単純ではないのである。地球の物質や物理・化学、生物やその有機的機能・構造、これらの複合としての海洋や大陸や大気などの総体が「環境」だ。人間が利用し改変し、あるいは人工的に造ってきた環境自然はその一部にすぎず、それも人間の側から都合よく理解している姿である。

こうした「時間」と「環境」が、植物の「機能」と「構造」の、ここでは毒を保有することの背景となる。私たちの認識の外にある何億年という長い時間の経過の中で植物生命が形成され、その植物の生命活動が地球の大気組成を変えて多様な自然環境をかたちづくり、次に大陸の移動がその自然と生命に対して大きな変動を与え、また、さらなる生物の躍動によって自然環境が形成され直すというのが地球史である。被子植物の進化や花の多様化と昆虫のそれとは完全に対応しており、今日でも植物の八〇パーセント以上が昆虫や鳥類などの媒介によって受精が行なわれている。つまり、地球と生物との共進化の結果が今日の地球自然界の姿であるが、このような遠大な揺りかごの中において、ある種の植物は毒を集めてきたわけである。こうなるともはや、なぜわざわざ集めたのかという疑問は、特に〝わざわざ〟の部分において意味を失う。と言って悪ければ、〝人間の疑問や知恵をはるかに超える、自然の創造主としての神が考えて集めたのだ〃と言うべきだろう。

遺伝子・文化の共進化

花と昆虫が相互に補い合っておおいに共進化したのと同様に、文化が発展する際には時代精神や世代総体の能力の発揮によって、新知識がおおいに創造され盛んに継承もなされる。そうした文化の発現と伝播の仕組みについて、生物遺伝子にまで結びつけた理論があり、その概要は以下のとおりである。

文化は、個人ではなく共同体の精神によって創りあげられており、口承の伝統に過ぎなかったことが文字や芸術で補完されて、大きく成長し飛躍的に展開したりもする。文化は世代を通じて継承されるが、一方で個人の心の中で再構築される性格も持っている。人間の個々の精神は脳の働きの所産であるが、その精神や心は生まれてから死ぬまで、接する文化を吸収することによって成長する。

ところで、人間の脳は遺伝的に構築されてきたものであり、人間の精神や心は、脳や神経経路および認知によって個々に自己集合したものである。この脳や神経経路と認知の発達は、遺伝子によって後生則として規定され、この後生則のうちの根本的な事柄については遺伝的にも根深く、一定のままで受け継がれていく。個々の精神は、その脳が受け継いだ後生則によって導かれ、文化を選択吸収し発達する。以上のことから、「文化は遺伝子と並行的に連携しており、遺伝子は文化と不可分である」

と言える。

ここで後生則とする内容が核心となるが、例えば、生まれながらに持つ基本的な表情や適応性のある味覚などの特性、無生物の擬人化や概念の物象化の能力、太陽光の七色分解の知覚、ヘビへの恐怖やすくみの反応に見られるような生得的な傾向などである。今日に残る伝統や芸術、あるいは夢の中におけるヘビに関する後生則を思い浮かべてみれば、これらは想像や表現を深め世代を越えてたしかに文化を豊かにする。

ある者に強く受け継がれた後生則は、それを持っていない者や持っていても心にその働きかけが弱い者よりも、周囲の環境や文化の中にあって彼の生存や繁殖に有利に働く。これが遺伝的に規定された後生則とするところの意味であるが、これが長い時間と多くの世代を経ることによって、より成功する後生則はそれを規定する遺伝子とともに集団全体に広まる。その結果として人類は、脳の解剖学的な構造や生理と同様に、行動においても遺伝子的に進化してきたと言える。

以上をまとめれば、「遺伝子は、後生則すなわち文化獲得を活性化し方向づける感覚・知覚と、精神発達の原則とを規定する。文化は、規定遺伝子の中のどれが世代を乗り越えて生き残り、増えていくかの決定に関与する。成功した遺伝子は、集団の後生則を時間的部分的に変化させる。変化した後生則は、文化獲得の筋道の方向性と有効性を変える」ということになる。これが、生物・生態・進化論学者のエドワード・O・ウィルソンと理論生物学者のチャールズ・ラムズデンが一九八一年に理論づけて、今日には多くの生物学者や社会科学者が理解し迎え入れた原理である「遺伝子・文化共進化」論だ。

ここで言う遺伝子は、例えば、トーテミズムや長老制や宗教儀式のような慣習をいかにも規定している、という誤解を生みやすいと注釈して、遺伝子にもとづく後生則の複合体がそうした慣習を考案したり採用したりする素因を作っているということであり、特定の文化が遺伝子の指令によって生まれるといった遺伝子決定論ではない、と言っている。

この遺伝子・文化の共進化は、一般的な自然選択による進化という過程の特殊な延長だとしている。ここで自然選択というのは、偶然と必然が作用して進行するものの今日では分子レベルに至るまで理解されてきているところの、すべての生物進化を推し進める主要な力だとする。生物の自然的個体群やその世代を通じての、異種交配や生殖隔離された系統的育種からの新種、生物を環境適応させた解剖学的・生理的・行動的特性の様式などについては、すでに多くの観察や記録がある。これらのこととは別に、物理的環境や文化と相互作用するような因果的事象が、遺伝子から細胞へ、ひいては脳や行動へ波及すると捉えているわけであるが、その因果的事象は単純ではなくまだまだ十分に捉えきっていない、との断わりもある。

以上のことを植物界に置きかえてみれば、その文化的発展として際立つことが花の多様性であり、昆虫と合いまった被子植物の繁栄であることは言うまでもない。人間における後生則やそれが導く精神にあたるものは何かということになるが、それは植物における知覚や五感、方式や規律として発揮されることにみられる、としておいてもよいと思う。

ところで、ある文化的規範が他の規範より生存と繁殖に勝れていれば、文化自体を遺伝的進化よりも早い速度で進化させることになる。その場合の文化は、遺伝子の厳密な規定がなされることなしに創造され伝承されて、環境の変化に対しても速やかな適合が可能であり、これが他のすべての動物種と人類が根本的に異なる点でもある。リチャード・ドーキンスは、文化的知識や情報の保存もしくは伝達の単位を「ミーム」(meme)という造語に託して、生物遺伝子のDNA分子になぞらえて文化の創造や継承を説明できるとしている。

卑近な例では、音楽家の子弟が音楽家を目指すように、人は生まれ持った才能や性格に合う役割をめざし、遺伝的傾向が報われる環境に身をおくことに惹かれる、といった場合がある。同様の特性を持っているその親も、そうした方向への子の成長を促がすように環境を整えるから、結果として遺伝子型は音楽家の家柄という特定の環境を助長するように発現することになるのである。このように遺伝子型と環境の相互作用により社会の中の役割が、直接的で生物学的な由来の範囲を越えて人間の多様性を増加させ、全体的結果として文化を進化させる。

人間は自然環境の変化に対して適応力があるので、北極が熱帯になったとしても現在の砂漠地帯の民族が移動して住みつくかも知れない。ただしその際には、行動と生活の様式や規範、伝統や文化をラクダとともにうち捨てていかなければならない。経済や資源、民生や福祉、治世や権力、犯罪や戦争などの社会環境の動向や変化においても、伝統や文化は揉まれる。歴史的に見通せるような短い時間にあっては、人間の生物的遺伝子は安定的にみえ、いっぽうミームは短期間のうちに社会環境に左右され、あるいは逆に環境の変調を引き起こす。個々人の内的な様式や規範、識見や主義も多様で、拝金・成金、利他・博愛、不信・自衛、敵対・好戦などとして彩られ流動的である。これらは養育や教育を通して、子供世代に文化的な遺伝子（ミーム）として継承される。

ここ五〇年間に展開した生産・消費生活は、性能や効能、豊穣や過剰、清潔感や見た目のよさ、美味や飽食などの強調と誇張に彩られてきたが、それらは企業営利主義や商業主義のためそのものだから利他的要素は乏しく、利己的ミームと言ってよい。摂食などにより吸収してしまう化学物質や環境ホルモンによって、影響される遺伝子レベルの身体・精神障害の可能性が取りざたされてもいるが、仮に身体バランスの中で足だけが大きくなることは、生物的遺伝でもなく獲得形質でもなく、個体の成長の歪みと衣食生活上の結果なのだろう。ところが、電車の中での化粧などは単なる流行のようにみえて、伝播もすれば継承もされていく欠陥ミームとなるのである。

動物には、幼生に対し栄養を補給する目的で、繁殖のためではない無精卵（栄養卵）を産むカエル・ハキリアリ・クモなどがいるし、食料欠乏の場合には卵や蛹《さなぎ》、幼虫や成虫を共食するアリ類の社会性昆虫がいる。また鳥類や哺乳類等の高等動物の一部にも、同種の個体が個体を喰うカニバリズムがみられる。ある種のサルでは、他所からやってきた雄の集団が、既にいる成人の雄ザルを追い出したうえで子ザルを食い殺す。その理由としては、子供がいると雌ザルが発情しないからだとされるが、これらは進化の過程で備えた種の保存戦略ともいうべき遺伝的特性であり、欠陥ある特性ではない。

いっぽう人間の場合は、呪術的信仰や宗教儀礼として人肉を捧げ、また食うことがあったものの、戦争や殺人などを行なうことは進化や遺伝子レベルの特性とは無縁な、単に後天的で利己的なことである。同じ利己主義という言葉でも遺伝的合理性のあるそれと、社会的不合理性を引き起こすそれとはおおいに異なる。人間は生物遺伝子における利己主義を、ミームを増殖させる過程で誤って不都合な方へ共進化させてしまっているということになる。

以下のような事柄は遺伝子・文化の共進化としてではなく、むしろ文化・遺伝子の共退化とでもいうべきことになると言ってもよいかも知れない。飽食と飢餓、大量消費と廃棄、放埒や犯罪、敵対心や利己心、主義や教義への固執、知性の低下や思考の混乱、情報統合や分析力の低下、文化・伝統の崩壊、規範と禁忌の廃棄、（衣食住）様式の無視、感性の喪失、社会行動の幼稚化、子供の虐待、親または子殺し、戦争の容認、倫理の不在、自然体験の喪失、自然環境の破壊などである。

こうした事柄は、現代社会の中でさかんに見受けられることになっており、文化・遺伝子のこのような退化が進行すれば、進歩・発展どころか持続不可能な撤退として、人間社会の明日を迎えることになる。欠陥ミームに侵食されない強靭なミームの醸成と継承のためには、教育と啓蒙ということしかないことは論をまたない。植物にはおおよそこのような変異は見当たらず、遺伝子プログラムの上でもはるかに堅固であり、利己的ミームをもたず共存共栄で平和的である。

未来のいのち

ルーサー・バーバンク（一八四九〜一九二六年）は、アメリカが生んだトーマス・エジソンやヘンリー・フォードに並び称される大発明家である。一生の間に何と三千種類以上の植物を改良し、棘なしサボテンや西洋スモモなどを始めとして数多くの植物を作りだした。その植物の品種改良の研究は、カリフォルニア州サンタ・ローザとセバストーポールの二ヶ所の農場を中心として行なわれ、花や果物や野菜、建築用や工業用の樹木、薬や香料を取出す植物などに及んだ。

バーバンクの研究の基本は、野生であるゆえに品質が悪いけれども強い性質の植物と、人手によって栽培されていて品質はよいけれども弱い植物とをかけ合わせて、両者のよい性質を備えた植物を作りだすこと、今までにない新しい色や形や匂いの性質を持った植物を作りだすことなどだった。

その方法は交配と淘汰であるが、前者は種子を取ろうとする植物のめしべの先端に花粉をつけて、受精と開花・結実を行なわせること、その種子を播いて両親の持つ性質の組合せを見出すこと、その繰返しによって想定する新植物を生み出すというものであった。後者は、常に良いものだけを残してそれ以外を廃棄し、品質その他を次第に改良していくことによって行なった。

野生のサボテンは砂漠地帯でも育ち、肥肉の葉や茎や実は栄養分も豊富だが、動物に対して棘をもって対抗する性質が顕著である。そこでバーバンクは、その棘と糸状の繊維質を改良して役に立つものとすることを思い立つ。大別されるサボテン種は約二〇ほどであるが、米国での五種類の内まずウチワサボテンに着目して、努力の結果、棘がなく食用となるサボテンを作りあげた。扇のように平べったいその葉には棘はまったくなく、その実はキュウリのようで、生食すればモモかメロンかパイナップルに似た味がするといい、料理に使い貯蔵もし家畜の餌にもなる。熱帯砂漠のみならず零下の気温の所でも生育するほどの丈夫な性質であり、生長力も盛んなために広く利用されることになり、今日栽培される品種は米国だけでも約一千種にものぼるといわれる。

バーバンクはつぎのように語っている。「果して何人が、よく花の我々に与える向上浄化の感化力と道徳的価値とを、測り知ることができるでしょう。その優にやさしき姿、その人の心を奪うばかりの色彩の濃淡と配合、その捉えがたい香り、これから洩れる無言の感化力は、それと心に思わぬまでも、いつとはなしに、我々に感染せられる」。私は、この言葉は植物への愛でありまた植物からの愛の応答であると思う。

続けて彼は言う。「その良き果実、種、および美しい花によって、地上はここに更新の春を迎え、人の心は卑しい破壊の斧を捨てて、いつしか尊い建設の力を養う。かくして人は、同胞に供するに弾丸と銃剣とにあらず、豊富な穀物、良き、甘き果実、より美しき花を与えんとする幸多き日を迎えんために働くであろう」(『植物の育成』中村為治訳、岩波書店)。バーバンクは適者生存や自然淘汰の原則よりは、交配と人為淘汰の中に種の変化や進化を見ていたのである。また植物の「感化」ということが、世界の万事や生命において不朽な力であることを確信して、植物を通じて人間自身や社会のあり方に対して可能性を問いかけたのである。

クローンは、ハーバート・J・ウェッバー(一八六五〜一九四六年)が栄養生殖によって増殖した個体集団をさす生物学の用語として一九〇三年に定義した。現代バイオテクノロジーとしては、同一の起源を持ち、かつ均一な遺伝情報を持った核酸・細胞・個体の集団をさす。クローンはギリシャ語の「小枝の集まり」が語源で、植物における挿し木というのがもともとの意味だ。ばらばらにちぎれてもそこから根が出るツユクサやメヒシバは、茎に節目を形成していて除草して切られてもかえって増殖する。そうした植物の性質を応用する組織培養の技術は、農業・園芸において古くから駆使されてきた。

ゲノム(遺伝情報)科学では、まずシロイヌナズナや線虫などで遺伝子の構造や機能の解読が成し遂げられた。三〇億ともいう塩基対をもつヒトゲノムの配列についても二〇〇三年に完了したが、この巨大なデータに含まれる約二万二〇〇〇の遺伝子の内容について調査が進行中である。これらを背景としてバイオテクノロジー(生物工学)の新分野は、ある生物の遺伝子を他の生物へ移す遺伝子工学として展開している。移された遺伝子が生物内で発現すれば、もともとの形質が転換された遺伝子組替え生物となる。害虫や病気に強いなどの好ましい形質をどう発現させるかということを応用課題とし、遺伝子のどの部分を移せばよいかを解明しようとするが、従来の育種やクローン、胚培養や細胞融合とは違って種の壁を越える技術であり、自然生命の根源を操ろうとする技術である。

一八九一年にハンス・ドリーシュ（一八六七〜一九四一年）が、ウニの卵を分割しそこからウニの幼生を発生させたが、これが動物に関する人工的な個体クローンの最初とされる。一九五一年にはロバート・ブリッグスとトーマス・キングが、ヒョウガエルの初期胚の細胞や核を不活性にされた未受精卵に移植することにより、同じ動物個体を創り出した。哺乳類については一九八一年にスティーン・ウィラードセンが、同様な手法によりヒツジの受精卵からクローン個体を作り、一九八六年に至ってヒツジの初期胚からの核移植によるクローンを創った。

動物の成体細胞からのクローンについては、一九六二年にジョン・ガードンによりアフリカツメガエルのオタマジャクシから核を移植することで創られているが、これらはまだ、未分化で多分化能をもつ状態の細胞に限定されるものだった。細胞培養技術の進展とあいまって可能性が増し、その後一九九六年にイアン・ウィルマットとキース・キャンベルによって、六歳のヒツジの乳腺細胞核をもとにしたクローニングが成功した。ドリーと命名されたそのヒツジが、哺乳類の体細胞に基づくクローンとしておおいに注目されたのは周知のことである。

引き続き一九九八年には若山照彦氏（現理化学研究所発生・再生科学総合研究センターチームリー

ダー）らが、マウスの体細胞を核除去した卵子に直接に注入することにより、細胞融合を行わずクローン個体を創ることができることを示した。この方法が今日のクローン技術の標準とされ、これらの方法を用いてウマ・ヤギ・ブタ・ウサギ・ネコなどでも体細胞由来のクローン例が報告されている。

そしてついに二〇〇七年には、神経や心筋の細胞および軟骨などへ分化しうる万能細胞（人工多能性細胞）を、受精卵への移植を経ずにヒトの皮膚や関節の細胞から創ることに成功した。このことによって機能が損傷した自らの臓器を複製し、拒絶反応がない修復を行なうことなどの可能性が見えてきたという。ただしドリーが二〇〇三年に死亡したように、動物のクローン体には何らかの欠陥があり臓器複製にもがん化などの課題がまだあるとされる。

産まれてからの後生則についてまでは支配することができないヒト個体クローンは、当然にして生命倫理的にも社会制度的にも、あるいは宗教的な面からも問題が伴い世界各国で禁止されている。仮にこうした技術とそれに基づき生成された動植物により構成される社会を想定すると、ＳＦ未来映画の傑作であると評価が高い「ブレードランナー」の世界となる。その原作である『電気羊はアンドロイドの夢を見るか？』の作者であるフィリップ・Ｋ・ディック（一九二八〜八二年）は、自分は誰なのか、何処に行くのか、といった人間としての存在証明を探すサイエンスフィクションを多く書いたが、クローンを創りだす主体も含めて、もはや人類は人間でなくなるということが言いたいのである。進化の手助けや共進化とはほど遠いこうした技術に、多くの時間と叡知が注ぎこまれている。

　このように、あらためて植物の起源や地球上での進化や地位を見てみると、彼らがなぜ主張するのかということが分かってくる。環境被害者としての彼らの言い分が分かるかと、私たちは問われる立場に立っているのである。

IV 植物はなにを主張しているか

環境原告としての彼らを受けとめよう

この世界の生物は、地球という同じ時空間に共生している。これまでの進化も未来への展開も対等で平等だ。保護や保存といった人からの恩恵をおしいただく前に、もっと根本的なことが別にあるのではないかと、植物は言っている。私たちは、彼らの主張を果して受けとめられるだろうか。

1 地球と生命

★生存の環境

みどりの地球史

動植物の生命が誕生し、その多様化と活動を育んできた基盤環境が地球の時空間であるが、その地球史において植物はどのように展開してきただろうか、もう一度みてみよう。四億七〇〇〇万年前から四億五〇〇〇万年前に、まずシダ植物が海から陸へ進出し、その後、古生代の第一紀にあたるカンブリア紀には一万種に及ぶ生物が生まれるに至ったとされる。四億一〇〇〇万年前からのデボン紀になると、海から放出された酸素をもとにオゾン層が形成され紫外線が遮られて、陸生植物はいっそう繁茂するようになった。三億六〇〇〇万年前からの石炭紀には、植物はリンボク（ヒカゲノカズラ門）やシダ類やトクサ類などが栄える大森林を形成し、動物では昆虫や両棲類、三葉虫やアンモナイトやサンゴなどが生息し始め、後期には爬虫類が出現した。

二億五〇〇〇万年前に地球超深部からの大量なマグマの大噴出があり、その有毒成分や炭酸ガスによる一時的な死滅、酸性雨や粉塵による太陽光遮蔽のための長期にわたる光合成阻害などによって、地球の古生代全生物の九六パーセントにも及ぶ生物大絶滅があった。しかし地球上の生命は姿を変えて、二億四〇〇〇万年前から六五〇〇万年前までの中世代には、主として草食類である爬虫類が大繁栄した恐竜時代を迎えた。恐竜は巨大で豊富なソテツ類やナンヨウスギのような針葉樹、今日のイチョウやモクレン、シダ類や裸子植物を食料とした。

一億八〇〇〇万年前頃から超大陸パンゲアは分裂を起こし、その北側のローラシア大陸と南側のゴンドアナ大陸に分離した。一億五〇〇〇万年前頃のジュラ紀末に至って、ゴンドワナ大陸は中央で二つに裂け大西洋の起源となった。中生代から新生代への移行期にあたる六五〇〇万年前の白亜紀末になって、直径一〇キロメートルという大隕石が地球に衝突し、恐竜やアンモナイトの大絶滅が起こって一億六〇〇〇万年も続いた恐竜時代は幕を閉じた。

それを契機として植物は進化して被子植物が栄え、今から六五〇〇万年前以降の新生代の暁新世では、爬虫類に替わって哺乳類が爆発的に生息適応して、今日の動物種に拡大する基礎となった。五五〇〇〜三八〇〇万年前の始新世にウマ・ゾウ・霊長類などが出現し、続く三八〇〇〜二四〇〇万年前の漸新世には真猿類のエジプトピテクス（三〇〇〇万年前頃）が出た。メタセコイア（アケボノスギ）

はこの頃から現代まで同一種が存続し、形態を殆ど変えていない生きた化石の一つである。続く二四〇〇～五〇〇〇万年前の中新世は、暁新世から続いた温暖湿潤な気候からやや乾燥気候に移ったとされる時代で、草食動物が自然原野に適応しておおいに栄え、これを捕食する肉食動物とともに今日の近似種や直接の祖先などが出現した時代である。

地球は、五五〇〇万年以降の始新世から一八〇〇万年以前（更新世以前）までに、みどりによる炭酸同化作用によって次第に炭素ガスを固定し、大気の平均温度を二〇度から一〇度まで冷却して、一層の生物進化の環境となった。一方、北極海周辺では大陸が極地を取り囲むように北上した結果、大洋との連絡が断たれて低緯度からの暖海流の循環が妨げられ、北半球の気候は大きく変化した。二五〇万年前には寒冷化によってカリフォルニア地域やヨーロッパに氷河が出現し、一八〇万年前には中低緯度のアフリカ大陸にも影響が及んで、降雨量が大幅に減少し乾燥化が進んだ。

一八〇万年前から今日までの第四紀は、地上の三〇パーセントが氷雪に覆われるような氷河期が概ね一〇万年ほど続いた後に比較的温暖な間氷期が一万年ほど続く、地球平均気温が摂氏一五度から〇度の間の変動が二〇回くらい繰り返された。現在は最後の氷期（ヴェルム氷期）が終わった後の間氷期の末期であるが、この間の気候は温暖化して高緯度地域にも森林が生じた。

六五〇〇年前から四五〇〇年前にかけてのヒプシサーマル期には、地球気候はいっそう温暖湿潤となり、氷河が後退し海水面も一気に一二〇メートルも上昇して、現代よりは四から五メートルほど高かった（縄文海進期）。現在のアフリカ砂漠でさえ森林に覆われていたこの時期に、人類は農耕や牧畜を大いに発展させて、メソポタミア・エジプト・インダスと中国の四大文明を開花させたのは周知のことである。

こうした気候変動の中にあって人類史の九九パーセントは、人口と食糧のバランスが取れた狩猟採集生活の暮しであって、人間活動は自然環境に大きな影響を与えるものではなかった。しかし、家畜と農耕の技術を獲得した最近の一パーセント相当の歴史において、伐採や火入れによって森林を牧草地や農地に変えるといった歴史を刻んできたのである。

森林の開墾や焼畑による牧畜・農耕の定住生活は人口増を支え、人口増はさらなる生産と居住域の拡大を促がし、様々な道具や家屋、生活材や薪炭などの原材料もまず身近な樹木に求めた。後氷河期のゆり戻しである寒冷化の時代があったが、文明の道を歩み始めた人間は、それにもかかわらず自然征服の活動の拡大の一途を続けた。

近世には、思想や科学が分析的実証主義となり文学や芸術にも影響を及ぼし、近代では産業革命によって地球上の他の生命存在を一層軽視する人間万能主義になった。恵みを与えてくれる自然は一方では脅威であるが、河川改修やダム築造、港や道路網の整備などによってその克服と取扱い力を得ること、産業の工業化や情報化によって経済や消費の社会を築き上げるということが目標となったのである。

森林は、牧畜や農業が本格化する以前の八〇〇〇年前には地表の六二パーセントを覆っていたと推測されているが、現在の世界の森林面積は地球の陸地面積の約三〇パーセントしかない。一九九〇年代だけでも世界で日本国土面積の四倍弱にあたる一四六万、自然生長や造林増を差引いても八九万平方キロメートルが、二〇〇〇～二〇〇五年の間では年間平均七・三万平方キロメートルが純減した。特に熱帯雨林においてその五年間で、アフリカでは二〇万、南米では二一・五万の計四一・五万平方キロメートルが伐採・火入れされたが、それは一〇〇〇万平方キロメートル以下となり、森林率も七五パーセント程度となった熱帯雨林地域の四パーセントを占める。熱帯雨林破壊による炭素量放出は、人間総人口の呼吸による放出量の二～三倍に相当する。

熱帯雨林はかつて地球陸地面積の一六パーセントの二四五〇万平方キロメートルあったが、一九七五年には九パーセントの一四二〇万平方キロメートル、一九九〇年には七パーセントの一〇七〇万平方キロメートルへと激減した。毎年、日本の国土の六割ほどに相当する面積が失われてきたことになる。

ブラジルの熱帯天然林の減少は一九九〇～九五年において一一・三万平方キロメートルに及ぶ。アマゾンでは全長三〇〇〇キロメートルのハイウェイと総延長二万キロメートルの支線が整備され、その沿道に北海道とほぼ同じの八万平方キロメートルに及ぶ焼畑農業の入植が行なわれた。これではいずれ、アマゾンは森林を失い降雨循環が途絶えて河川が干上がり、サバンナとなり草原から砂漠になってしまうと危惧されている。

こうした行為や爆発的に増加した人口によって、地球の自然は蹂躙《じゅうりん》され多くの生物種は追いやられてきた。それも三〇〇〇万種を超えるという動物種に比べて、それら生命の基盤であった植物種は、被子植物が二四万種、かつておおいに栄えた裸子植物は減少してわずか五〇〇種ほどに過ぎず、動物種数と人口の増加に対して時空間を譲り渡してきた。

気象と植物

動植物の生命活動の舞台である地球は、無機的で静態的な物体ではない。そのことの顕著な例として、気象現象をあげることができる。地球では緯度や極冠、大陸と海洋、大気と水、地軸の傾きや振り子運動、自転や公転などと共に、太陽との関係やその降り注ぐエネルギーによって、複雑な気候や気象がつくりだされる。水が熱を得て水蒸気となって大気と融合すると霧となり雲となり雨となって、大地を潤したり冷やしたりする。地温度によって暖冷化した大気は上昇・下降気流となり低・高気圧となって気流や風を呼び起こす。熱帯では大地や海洋が熱せられ、極地では凍りつき、海流や台風・ハリケーンによって熱エネルギー交換がなされる。自転はジェット気流や偏西風を巻き起こして、地球はまさに生きものである。

私たちが知る西高東低の気圧配置は、一〇、二〇年前までは真冬に一週間も続くことがあったが、今では一日から半日の単位で変化する。小春日和や三寒四温が死語になったり梅雨明けが時には八月までずれ込んだりしている。二〇〇七年と二〇〇八年の夏は、記録的な猛暑と冷雨という二つの特徴的な天候で思い出される。日本における一日での最高気温は、ながらく一九三三年（昭和八年）の七月に山形で記録した摂氏四〇・八度とされてきた。各地で連日三五度以上の日が続き記録的な猛暑の夏とされた一九九四年には、観測地点の和歌山県葛城と静岡県天竜でこれに迫る四〇・六度、愛知県愛西でも四〇・三度を記録して、観測史上の上位四位が一気に塗りかえられた。

ところが二〇〇七年八月には、熊谷と多治見で四〇・九度を記録してこれらを覆してしまった。この年の七月には石垣島などの沖縄県の観測地で、一七日から一九日への三日間にわたって最低気温でさえ摂氏二九・七度という観測史上三、四位の気温も記録した。この年は冬も暖冬で、博多や大阪、富山や東京などの各地点で二月の月平均気温が観測史上一位の高さであった。年間を通しての日最高気温の平均値は二〇・七度、日最低気温の平均値は一三・七度となって、一八七六年（明治九年）以降の観測値における一九〇〇年以前のそれらが、一九度前後と一〇度以下であったからそれぞれ二度と四度ほど高くなっているのである。いっぽう二〇〇八年は、八月二一日までは東京も最高気温が三〇度を超えていたものの、二二日以降二六日までは北東の風が吹き冷たい雨が降って最高気温が二五度以下、最低気温も二〇度を下回るような日平均気温二一〜二三度の日が続いた。

二〇〇六年一〇月のある日、東日本列島は台風が東海沖で低気圧になり、猛烈な気流を呼び込み海・山とも大荒れになった。海では漁船や釣り舟が転覆しタンカーさえも座礁して真二つに折れ、山では北アルプスで遭難が起った。山で吹く風はすさまじく、稜線では時に体ごと谷底へ吹き飛ばされる。一富士二那須三安達太良と言われるほどに普段から強風で有名な山では、立っては歩行困難で這っても転がされるという状態によく陥る。

しかし山の木々は、そんな風速三〇にも四〇メートルにも達する強風にも耐えて生きる。ハイマツやシラカンバの風に耐える姿をみても、山の樹の一生にとって影響が大きいのは、気温もさることながら風であることが分かる。樹木と風との関係は、単に風に耐えて生きるということだけではなく、むしろ風があって枝葉や幹が絶えず揺すられることにもその生理現象があるから、植物園やハウス栽培の温室でも換気や送風が欠かせない。

風は植生全体の遷移にも影響する場合がある。亜高山帯はしばしばシラビソ・オオシラビソ・コメツガ・トウヒなどの針葉樹の森になっているが、北八ヶ岳の縞枯山の縞枯れは、シラビソ・オオシラビソの純林が、八〇から一〇〇年で縞帯状に枯死する現象である。一般的に弱った木や寿命がきた老木が枯れると、陽光のさす隙間となったその場所は、幼木や若木にとってより生長の機会をもたらす空間となり、そうして世代交替が促進される。縞枯山ではすぐ北側にある蓼科山などとの地形的要因の風向などによって、それが帯状の樹木に一斉に起こる。枯死した部分と隣り合うまだ元気な帯は、風あたりが強くなるが必死に耐えて生き、やがて弱り老齢化して次は自分たちが枯死する番にまわる。

縞帯の間隔は一〇〇メートル程度で現状では四、五本である。コメツガやトウヒなどが混生すると、集団枯死が緩和されるのでこのような現象が起きない。また、気候が違う南アルプスのシラビソ・オオシラビソ林では起きていないので、たいへんに珍しい。こうして一つの山の斜面が縞状に枯死と再生を繰り返し、この山では〝森は生きている〟というとおりの自然の世代交代を、目の当たりにすることができる。

富士スバルラインは一九六四年に開通したが、それ以降年月が経過するにしたがって道路周辺の森林は、立ち枯れが目立つ状況になってしまった。その原因の一つは、森林伐採ののち空地と高木林の足元に派生して防風帯マントとなる植物が、時間が経っても繁茂しないことにある。そのことによって林内へ直接的に風が吹き込み、また日照過多によって林床が乾燥してしまったためである。シラビソ・オオシラビソ・コメツガなどの針葉樹と林床植物が全体として生きていたものが、気象のうちでも特に風との微妙な関係を、人為的に乱され破壊されてしまった一例である。各地の（スーパー）林道や観光自動車道の建設問題は、経済効果の計量によってなされるべきことではなく、こうした観点からの環境影響評価問題なのである。

日本はモンスーン気候の森林の国であり、かたやヨーロッパは牧野の国である。ミレーやコンスタブルの絵、あるいはエミリー・ブロンテの『嵐が丘』に描かれた風景は、シラカバやヨーロッパミズナラやヨーロッパアカマツがぽつぽつと立っているヒースの荒涼とした風景だ。和辻哲郎は『風土』

において、波だって複雑な色相を呈し、魚介・海藻類の生産の場である、私たちが通常目にする黒潮海流の海に比べて、波静かで紺碧の化学色であり、岸辺に海藻などがなく磯の香りもない地中海は、海であって海でないと言った。それはさながら「砂漠の海」であるとして、航海と交易のためのみの海であったと言う。そして、牧草・オリーブ・ブドウの類《たぐい》の緑しかないその沿岸の乾燥した気候・風土は、そこに生き活動する人間の特性や文化をかたち創ってきたのだとしている。

たしかに今日のヨーロッパにおいては、植物生態的に原生自然林といえる所はわずかに二ヵ所とされる。その一つはスイスアルプスのデルボレンスの森であり、一四世紀頃の大規模な土砂崩壊によって谷が埋まって人間の通行が不能となったために、ドイツトウヒの原生林が保存されたという。もう一つはロシア・ポーランド国境付近のビヤヴィストックの北方にある、ビルビアジア国立公園の夏緑広葉樹林である。ただしこちらは、第二次大戦中にドイツとソヴィエトの両軍の隠れ拠点となったために、厳密な意味では原生林とは言えないともされる。ドイツではヨーロッパモミの黒い森が目立つが、それはビスマルクのプロシア時代に森林政策を起こし、後日の木材資源を期したドイツトウヒとともに植えて育成したのである。

だとすると『オデュッセウス』以来、戦いと交易のためにおおいに活躍した船の用材は、どこに求めたのだろうかという疑問が生ずる。麦畑と牧草地ばかりの中・北欧における現風景において、どうしてグリム童話のような森を舞台とする物語が生まれたのかという疑問が湧きあがる。しかし、かつては地中海沿岸においても、フェニキア人の航海や活躍を支えたガレー船を造れるような豊富な木材があったのである。森林資源は、ギリシャにおける都市国家の盛衰さえも左右する存在であった。文明的にはまだ辺境の地であった中世（五から一五世紀）の初期における中欧や北欧の地域は、オークやブナやモミなどを主とする森林に覆われて魔女の森だった。

ところが、畑作と牧畜をセットとする生産性の高い農法の発達に支えられて、中世盛期以降は人口も急激に増えた。先進の地中海沿岸のみならず中欧、英国からアイルランドに至るまでのヨーロッパのほとんど全域にわたって、山羊・羊・牛の牧畜と小麦・ライ麦・ビール麦の農耕のための開拓や火入れによって、ヨーロッパブナ・ヨーロッパミズナラ・ヨーロッパシナノキ（リンデンバウム）の森林は駆逐された。その結果、一六から一八世紀にかけてのヨーロッパはロシアも含めたほぼ全域において、森と呼べるような所はなくなったのである。

最近では一九六〇年代に、東ヨーロッパのチェコスロバキア、ポーランド、旧東ドイツの国境の「黒い三角地帯」と呼ばれるトウヒの森が、火力発電の排煙に伴う酸性雨により甚大な被害を受けたことは有名である。ポーランド国境に隣接する旧チェコスロバキアのクルコノシェ国立公園では、森林の枯死率が九六パーセントにも上った。森林資源の完全な消費は、地域の風土を乾燥させ風雨を中心に気象さえも変化させる。このようなことからすると、自然環境が生産活動や生活の基盤であるということには異議がないが、人間の歴史的営為が風土をつくったのであり、気候・風土という言葉の定義の問題があるものの今や人間は、地球環境さえも風土化しているといえるのである。

古来より氷河期や自然の猛威などにより自然自体が人類を従属させてきたので、その生存と生活はいつも安寧ではなかった。ところが、温暖な気候に恵まれて文明の道を歩み始めたとたんにそのことをすっかり忘れて、自らが台風のごとき圧政を施し、竜巻のような虐殺をしかけ、突風とまがう抹殺を行ないだした。豪雨も人間による拷問ほどには陰険で目的を伴わず、洪水も陰謀ほどには周到ではなく、大雪も略奪ほどには財産を奪わないといえるほどの歴史を刻んできた。かつての人口密度にあっては地震も戦乱ほどには火を放たず、津波は民族滅亡ほどには計り知れないものではなく、また旱《かん》魃《ばつ》は魔女狩りのようには残忍ではなく、渇水は麻薬ほどには狂わせるものではなかったのではないか。ましてや核爆弾の装備の競い合いを思えば、植物と気象が微妙に、もしくは荒々しく関係し合う自然よりは、人間のなすことの方がよほど凶暴となったのである。

極限の大地にて

地球の極限的な気候や風土は、そもそも厳しく特異である。地球における植生がどのように分布するかは一つには気温、二つには降水量で決まっていることは言うまでもない。気温については緯度に応じて熱帯・暖温帯・冷温帯・亜寒帯・極地帯となるが、極地帯を除いてどの気温帯でも降水量に応じて森林や草原や砂漠となる。どんな樹相の森林となるかは気温によって決まり、常緑広葉樹林や落葉広葉樹林や針葉樹林となり、草原についてもサバンナやステップやツンドラであったりする。針葉樹林は二つの植生があり、亜寒帯に発達したモミ・ツガ・トウヒ類を主とするシベリアのタイガと、温帯の米国西海岸にみられるセコイアメスギ・セコイアオスギ・ヌマスギなどの巨木樹林である。

熱帯は赤道から二〇度の緯度範囲の太陽高度が年間を通して高い地域だから、最寒月の平均気温でもヤシが生育できる一八度以上である。中でも赤道アフリカ・東南アジア・ニューギニア・アマゾンに分布する熱帯雨林は、熱帯収束帯（赤道低圧帯）の上昇気流と低気圧の影響を受けて年中降水量が多く、年間をとおして降雨量が二〇〇〇ミリメートル以上である。そして、全世界の生物種の半数以上が生息するとされる。そこに見られる植物種の七割は樹木であり、森林の構成樹種は極めて多く三から五の層構造をなしており、林冠は高さ三〇から五〇メートルにも達し、フタバガキ科の木は六〇メートルを超す。ただし赤道直下であってもマレーシアのキナバル山のように標高四〇〇〇メートルを超す山では、植生は熱帯から亜寒帯にまで変化し頂上は岩稜帯である。

熱帯雨林では幹に直接に花がつく木があり、着生やツル性の植物も多く、特異な植生が形成されている。ぶ厚い植生によって日射が遮られた地表面は下草なども生長しにくい状態で、ひとたび山火事や伐採などによって日光が指すようになると、いわゆるジャングルとなる。気温が高いため有機物の分解速度が速く、その養分は大量の降水によって流れてしまう。そのために地質はやせた酸性土壌であるが、多様な生物層の間において栄養循環がなされているともいう。

ボルネオのランビル国立公園の熱帯雨林では、五、六年ごとに約五〇〇種の植物が一斉に開花する。マスコミにも報道された（一九九六年六月五日付、朝日新聞）その開花のなぞについて、京都大学生態学研究センター助教授の故井上民二氏が調査した。現地に築いた空中回廊からの観察によって、花と昆虫の壮大な共生関係がその神秘のもとだと分かったのである。

ラワン材の一種であるフタバガキ科のリュウノウジは、樹高七〇メートルにも達しジャングルを構成する高木の代表的な樹種であり、ハチに花粉を運んでもらい、四月に白い花がその林冠で一斉に咲く。オオミツバチは太陽の位置によって方角と距離を知り、数百から時には一千キロメートルもの距離を飛んで、その虫媒の役割を果す。また、八の字ダンスによって餌の在りかを仲間に知らせたりするが、他の花たちにしてみても、散発的ではなく同じ時に一斉で大量に咲かなければ、その遠来の大群集の労に報えないどころか、自分の方へ呼び寄せることができない、というわけである。普段は近くにいないオオミツバチを集合させるための植物たちの苦心の工夫であり、花どうしが協力するかのように数日ずつ開花をずらせながら、ハチたちに大いなる満足を与える。

次になぜ五、六年ごとかだが、ヤドリギやラン、アリノトリデやシダなどの樹枝や幹や根における着生生活に見られるように熱帯雨林の林床は案外と貧栄養で、花を咲かすために十分な栄養の蓄積には時間が必要だからだと考えられた。五年という時間をかけた栄養の蓄積によってはじめて大量の花を咲かすことができる、また一斉であることによって遥か遠くのミツバチの大集団を呼ぶことに成功する、彼らの乱舞と送紛によって生殖を確実なものとする、という植物たちの壮大な戦略なのである。

そうした地域における樹木の商業伐採や農地・牧草地への転換などにより、かつて地表の一六パーセントを覆っていたとされる熱帯雨林は今や六パーセントまでに減少してしまった。今日も毎年四〜五万種ほどもの生物種の絶滅を伴いながら、年間二〇万平方キロメートルのペースで破壊されており、このままの状況が続けば四〇年ほどで地球から消滅するとされる。

極限の寒冷地への眼を転じずると、標高数千メートルの気候寒冷な高山がある。標高四〜五千メートルのヒマラヤからチベット・中国西南部の高山や高地に分布するメコノプシス属のケシは、赤や黄、青や紫の花を咲かせて四〇種ほどを数える。中でもメコノプシス・ホリドゥラは、山の花が好きな人にとってはひと目見ることが憧れの花で、透明な青色のなんともいえない美しさと清楚さである。

それはさておき、こうした高地の厳しい環境下の高山植物は、例えばエーデルワイスやアネモネの仲間のように、花や葉や茎を綿毛で包んで自らを保護したりしている。中には、マントを着たりテントを張ったような姿をしたりするものがある。そのうちのワタゲトウヒレン（サウスレア・ゴシピフォラ）は、花穂全体が白い綿状の円形幕になっており、その内側で咲く多数の小花を寒さから守っている。またボンボリトウヒレン（サウスレア・オヴァラータ）は、光を通す円形幕を作り中を温室のように暖かくする。私たちは衣服について、遠い昔に知恵と工夫によって人間自身が発明したかのように思い込むが、クモが糸を織るようにして自らの巣を作るのが織物の原型であるのと同様に、防寒衣服についてもこれらの植物の巧みさを模倣したに違いないと思えるほどである。

ツンドラは、一年中溶けることのない地下層の永久凍土と、その上の強い酸性のツンドラ土によって構成される。そのうえに降水量も少ないから、少なくとも樹木が生育する条件下にない平原地域だ。北極、南極、高地の主として高緯度の寒帯地域に見られ、シベリア北部、北アメリカ北部、グリーンランド南部などの北極海沿岸、チリの最南部のほか、インド南部のケルゲレン諸島、チベット高原などにある。そこらでは、冬の気温は零下四〇から五〇度、夏でも地中温度は零下だが、短い夏には表面付近の土壌がコケなどの蘚苔類や地衣類に覆われた湿原状となり、草本類や灌木などが生育する所もある。

氷雪気候の地域に比べて生態系は複雑で、動物類もカリブー（トナカイ）、ジャコウウシ、レミング、ホッキョクグマ、キツネなどの哺乳類や鳥類、昆虫などの寒地に適合した生物が定住する。人間も居住できない地域ではなく、ヌガナサン人、ネネツ人、イヌイット、サーミ人（北欧ラップランド）などが生活し、トナカイの遊牧・狩猟・海洋漁業・鉱業が営まれているのは周知のことである。

北極ツンドラは北半球のタイガ地帯の北に位置し、一部の地域では石油やウラニウムなどの天然資源が豊富であり、近年になってアラスカ、ロシアなどにおいてその開発が進みつつある。地球温暖化の影響によって地域面積が縮小しており、凍土が融解することによって生態系が壊れている。世界の土壌中炭素の三分の一はタイガとツンドラに存在するとされることから、炭素放出の供給源ともなって地球温暖化をいっそう促進する。

南極ツンドラは南極大陸並びにサウスジョージア・サウスサンドウィッチ諸島、ケルゲレン諸島などの南極圏・亜南極圏の島々に位置している。南極大陸は知られているとおり大部分が氷原であり寒冷・乾燥大地であって、植物の育成がほとんど不可能であることは言うまでもない。しかし南極半島においては、岩石質の土壌が存在しツンドラもあり、約二五〇種の地衣類、一〇〇種の蘚類、二五から三〇種のコケ類、約七〇〇種の陸生・水生藻類が存在する。花をつける南極へアグラスと南極ツメクサも生息しているが、やはり温暖化によってそれらが増加しているとされる。

砂漠は年間降水量が二〇〇ミリメートル以下の乾燥地であり、熱帯や温帯に限らず亜寒帯にもある。岩石や礫や砂とその複合で構成される荒涼とした大地であり、世界的には岩石砂漠、礫砂漠、砂砂漠の順に多く、涸れ川（ワジ）や塩湖やオアシスなどを含む。砂漠では雲や草木などによる遮蔽がないために、昼の太陽輻射が砂や岩石をそのまま熱する。昼間気温は摂氏五〇から六〇度、日陰でも三五度となり、夜には逆に放射冷却によって零下にさえなる。エジプトのカイロの年平均気温は摂氏二一・八度とはいうものの、こうした極端な気温変化の平均であり、年平均降水量はわずか二六・七ミリメートルだ。

砂漠は農耕や牧畜に適さず、人間の居住も難しい所であることは言うまでもないが、降雨量よりも蒸発量の方が多く気温の日較差の激しさのために、植物もほとんど生息できない。しかし、植物が生活するに適した温度範囲が摂氏〇度から五〇度であることを超えて、ツンドラでは零下七〇度でも休眠しつつ生きるものがあり、砂漠でも七〇から八〇度でも凌ぐものがある。

砂漠の植物であるサボテンは、世界で六、七〇〇〇種を数えるとされ、アメリカ大陸だけでも一七〇〇種類もあって、花も色とりどりで実に多様な植物である。大きいものでは直径二メートル高さ二〇メートルにもなり、種類によってその根は二〇メートルも深く地中に達するという。短い雨期には根を膨らませたり、あるいは茎が厚みを増して卵形や球形になったりして水を蓄える。葉がないため光合成も茎で行ない、毛や棘で身をまとい蠟《ろう》の層を形成して水分の蒸散を防ぐと共に、動物たちの食外に対抗している。仮に乾燥してしまっても、その細胞組織は数カ月後、数年後でも雨によって蘇るほどである。自生によって土砂を変化させ日陰を作り、鳥類の巣にもなるサボテンは、砂漠における緑の開拓者である。

米国やメキシコ北部の砂漠に生息するイワヒバ属の植物も長い年月を無水状態で過ごすことができ、ひとたび雨が降れば眠りから覚めてロゼットを形成し生長する。南西アフリカの砂漠に住むフエネストラリアは、砂の中から透明ガラスのような葉先を出して太陽光線をはねかえし、自らを適度な温度にして生きていく。このように植物は、自らのためにも他者のためにも過酷な環境に対処し改造するが、人間を頂点とする動物はその環境を悪化させるか破壊するばかりで、砂漠化などの不毛の大地を拡大させる。

人間活動による砂漠化が地球環境問題の一環をなしているが、地球上の砂漠は毎年六万平方キロメートルの規模（ほぼ九州と四国を併せた面積）で拡大を続けているという。中国では草原の減退やアルカリ土壌化を含め、年間二万平方キロメートルの勢いで砂漠化が進行している。砂漠化を進行させる要因として、球温暖化との関係も指摘されているが、熱帯雨林の伐採や家畜の過放牧や焼畑農業などの影響がある。スーダンでは二〇世紀において人口が六倍になり、そのための食料等増産のために国際援助によってモーターポンプ付きの深井戸が掘られ、ヤギやヒツジの集中牧畜を実施した。ところがそのことによって、家畜が草木を食べ尽くし土地を踏み荒らしてしまい、また人々も燃料として木を切るために、広範な一帯が荒地化・半砂漠化してしまったという。人間の活動に伴う植栽地減少の影響を含めて気象が変化し、西アフリカのサヘル地帯の降水量は一九六〇年代より減少の一途であり、一九七二〜七三年、一九八三〜八四年の大旱魃は深刻な被害をもたらした。

地球表面積は約五億一〇〇〇万平方キロメートルであり、海洋がその約七一パーセントを占め陸地面積は一億四九〇〇万平方キロメートルである。そのうち砂漠とされる地域の総面積は、三六六〇万平方キロメートルであり陸地面積の二四・六パーセントである。日本の国土面積が三七・八万平方キロメートルだからその九七倍もあることになり、数字で示されると改めてその広大さに驚く。都会の文明生活の中でつい忘れてしまいがちであるが、このように極限の大地が大きく拡がっているのが地球大地の姿である。

★地球の未来

地球のすがた

植物は、地球の重力に逆らって地上から天に向かって伸びる。地球圏におけるその天空は、高度一〇〇メートルごとに気温が摂氏〇・五五度下がるから、日本列島の場合で高度一〇〇メートル分はおよそ緯度の北へ一度分に相当し、植生は垂直分布で変化する。森林限界というのは、高木である樹木が生育できなくなる高度の限界のことをさし、亜高山帯から高山帯に変わる地点である。日本では、主にモミ・トウヒ・コメツガなどの常緑針葉樹林が次第にダケカンバに変わり、森林限界より上ではハイマツなどの小低木になる。気温や積雪や風などの影響によって決定され、高緯度地域ほど森林限界の標高は低くなり、わが国では北海道の利尻島で約五〇〇メートル、大雪山や日高山脈で約一〇〇〇～一五〇〇メートル、東北地方で約一六〇〇メートル、日本アルプスの中央部では約二五〇〇メートルほどだ。

地球的には、亜高山帯における同じ樹種が平面的に次第に疎林・低木化していき、最後には姿を消してしまう地域も多く、その場合の森林限界は幅の広い移行帯となる。高緯度地帯においては、このような移行帯を森林ツンドラと呼び、地域によっては南北数百キロに達する。

地球の大気は、対流圏が地表から一〇～一六キロメートルの高さまで、成層圏が四五キロメートルまで、電離層が一〇〇～四〇〇キロメートルまでであり、酸素などの大気物質の約八〇パーセントは対流圏に存在している。地球の赤道付近の円周は四万七七キロメートル、直径が赤道付近で一万二七五六キロメートルだから、この対流圏の厚みは、地球の直径を仮に一・五メートルの地球儀に縮小するとわずか一ミリメートル、地球をリンゴに見立てればその皮より薄い。森林限界の高度範囲である一〇〇〇～二五〇〇メートルというのは、目に見えないほどの薄さに過ぎなくなってしまう。樹木というものは、いや人間を含めて動植物というものは、そのような生息域しか持ち合わせていないのである。

イギリスの気候学者であり化学者でもあるジェームズ・ラブロックは、一九七〇年頃よりこの地球を一つの生態系として捉えた「ガイア」説を唱えた。ここでいう生態とは生物生命のみによるものではなく、地下一六〇キロメートルまでの地殻および地表大陸、海洋と大気、地上一六〇キロメートルまでの地球圏の、地球物理を含む地球生理的なシステムを指す。「ガイア」とはギリシャ神話の女神に因むというが、地球生理学としての「ガイア」理論は、地球と生物が相互に関係しあって地球上の環境を創りあげ、巨大な生命体として存在しているとするものである。

気候を中心とする生物と環境の相互作用の当初理論から、賛同や批判によって理論が鍛えられ緻密化して、具体的・科学的な事例も盛り込まれた壮大な理論体系となった。現在では、生物圏はこの

「ガイア」理論と生物多様性生態系の複合とみなされ、生物相・海洋・地圏・大気の相互作用を考慮に入れた地球システム科学の領域になっている。

ラブロックは、「ガイア」は数十億年をかけて進化してきたとして、今日ではその一員であるところの人間が暖を取ろうとして火を燃やしているうちに、その勢いが手に負えないほどになってしまい、にもかかわらず気がつかずに、さらに燃料をくべているような状態だと言っている。自然環境に関する研究報告や論説は多いものの、最近の地球温暖化を含めた地球総体の因果関係にたつ理論は、この「ガイア」説を超えてはいない。その科学的論理性や信憑性を論断する向きもあったが、科学者をはじめ思想家や教育者などのすべての分野の叡知がここに結集され、いまや一般にも啓蒙されるべき地球像となっている。

地球におけるもっとも根源的な物性的要件は、宇宙から絶え間なく到達する太陽エネルギーであることは言うまでもない。しかし私たちは、地上の生物・物理の総体性にも無知であるのみならず、そもそも太陽に関してさえ日常的には無関心だ。太陽を無用とするかのような都市文明生活、例えば照明と情報機器による二四時間都市、無窓・断熱建築や冷暖房機器、そのための化石燃料の燃焼によって温室効果ガスの排出などを行なっている。

今日の地球環境科学は、大気中の二酸化炭素ガスであっても樹木や光合成物質であっても炭素の重さで語る。地球環境にかかる基本数値（炭素単位）として、大気中の二酸化炭素は七六〇〇億トン、海洋中の無機炭素は三八兆トン、埋蔵石油・石炭は三兆九四四〇億トン、植物・土壌中炭素が二兆五四一〇億トン（うち陸地上が三四四〇億トン）、年間の光合成固定量が一二二六億トンであり、時点総計六兆一八五〇億トンと見積られている。

地球の陸上・海中の光合成生物によって年間一二二六億トンの炭素に相当する二酸化炭素が固定されるが、そのうち約五〇パーセントは海洋での藻類の光合成によるものであり、森林での光合成は約四〇パーセント、残りは平地の草本植物などによっているとされる。とはいっても実感がわかないが、高さ一八メートル、幹直径二〇センチメートルの三五年生程度のスギ一本は、幹体積を〇・二八立方メートル、容積密度を立方メートル当たり三一四キログラムとして、その炭素固定量は根や枝葉も含めおよそ六八キログラムとなる。杉林一ヘクタールでは立木密度を五〇〇本として三五トンである。容積密度はヒノキで四〇七、コナラで六一九、クヌギで六六八キログラムと高くなるから同じ樹体の比較ならば、炭素固定量はスギの一・三〜二倍程度となる。

これに対して自家用自動車の一台当たりの炭素排出量は、平均燃費をリッターあたり一〇キロメートルとし年間走行距離一万キロメートルならば、二三〇〇キログラムとなるから年間でスギ三三〇本分に相当する。植えて育つ三五年の間の生長蓄積を一本につき簡略化して中間の三四キログラムと仮定すれば、車の走行三五年分は二四〇〇本近くになる。

植物は燃焼させても、堆肥として微生物に分解させても、その植物が固定していた二酸化炭素が放出されるだけで、固定炭素量と放出された炭素量はプラスマイナスゼロのカーボンニュートラル（炭素中立）だという言い方がある。従って生物資源をエネルギー利用すれば、化石燃料使用に比べて温暖化への影響は少ないという。とはいえ、燃焼もしくは堆肥として分解された炭酸ガスと植物による炭素固定量とが、収支ゼロと単純に思うには注意がいる。

植物が光合成によって大気中から固定する炭素分である糖は、植物自身の活動エネルギーおよび体をつくりあげる材料として使われ、枯死後には構成炭素分が菌類や微生物によって分解されて大気に戻る。その点で植物の個体に関する限りは、一生を通じての期間炭素収支のバランスは取れている。地球自然全体としてみた場合にも、かつては光合成による二酸化炭素の固定総量は、動植物の呼吸による二酸化炭素の放出量や彼らの分解による二酸化炭素の放出量総計とバランスしていた。

しかし、一方には、人間による生物資源（特に植物）の短期間での大量利用、例えば樹木の大量伐採や開墾による森林破壊があるから違ってくる。埋蔵化石燃料ではなくバイオマス利用のエネルギーであれば、炭素固定循環のうちだからゼロサムだというが、光合成における炭素固定は植物の生育と裏腹であって、その累積であるから時間軸で考えなければいけない。植物の生育は年単位であり、人間活動の月日・時間単位のように激しいものではない。トウモロコシやサトウキビの育成によるバイオ燃料であればサイクルは短いとはいうものの、その増産のためには砂漠ではなく森林を耕作地にする。それは言ってみれば、森林を燃やしておきながら植樹を行なわず生長も待たずに、地上における固定炭素が燃えただけだから問題がないとするに等しくなってしまうことである。

このように経済成長や生活水準向上による一層の人間活動は、常にエネルギー量の確保や森林破壊をもたらす。成長や向上を一定水準にコントロールするといっても、少なくとも世界人口の増加は止まらない。植樹し育成するといっても森林が繁茂するまでの数十年のタイムラグはつぐなえず、地球規模での時系列的な二酸化炭素の固定量・放出量のバランスは崩れていく。便宜的にカーボンニュートラルだとしても、植物を利用する場合にこのことを忘れてはいけないし、計画的に化石燃料をバイオ燃料に置き換えるといっても手段の相対化でしかない。

仮に地球上のこれまでの光合成産物の貯えをすべて燃焼させるということは、石油・石炭三・九兆トンと植物・土壌中炭素二・五兆トンをすべて燃焼させることである。六・四兆トンの炭素相当の二酸化炭素を大気中に放出することになって、現在の大気中総炭素量七六〇〇億トンの八・四倍となる。この地球上における植物と人間のつき合いの本質は、果してこのようなあり方なのだろうか。常に、また何時までも、利用し利用される関係であり続けることなのであろうか。やはり省エネルギーや省資源、太陽エネルギー利用の一層の技術開発が先決である。

生物界の危機

地球は四五・五億年前にマグマの灼熱の天体として誕生して以来、次第に冷えて三八億年前には海ができ、二七億年前には原始生物が生息する環境が形成された。地球の平均気温は変化し続け、一億五〇〇〇年前の恐竜時代最盛期には摂氏二五度、直近のヴェルム氷期末期の二万年前には一〇度程度であったと推定されている。その頃より地球は温暖期に入り、途中で気温低下の寒冷期（ヤンガードリアス期）や中世の小氷期といったゆり戻しがあるが、全体的には一五度前後の平均気温となった。

しかし産業革命が始まって以降は徐々に上昇し〇・七四度上がった。かつての二五度や一〇度からの変化と比べると、〇・七四度というのはたいしたことがないようにみえる数値であるが、恐竜時代は一億六〇〇〇万年も続き、氷河期の〇度～一〇度から十五度へ上昇するのに数万年がかかった。中緯度地域までが凍りついていた氷河期の地球は、その間に海水面を一〇〇メートル以上も上昇させるほどに姿を変えた。

いや数万年かかって徐々に上昇したのではなく、場合によっては地球の気候は、一人の人間の一生において体験できるくらいの短い間に、急変することがあったことも分かってきている。私たちは、気候というものを四季がめぐりまたは夏に湿潤で冬に乾燥し、年によってはひどく暑かったり雪が多かったりすることがあっても、あるいは平均気温の年較差が多少は変動することがあっても、それは経験のうちとして生活している。数年間のうちに訪れて、その後の数百年から数千年に至り乾燥した気候や氷期となってしまうような急激な変化は、ありえないものと認識して暮らしている。ところが、グリーンランドや南極の氷床のボーリングコア、深海底や湖底の堆積層のコア、乾燥地域の地層のコアなどの採取とその組成物質などの多面的な分析によって、そうした記憶や気候史解釈は誤りであることが分かってきた。

古気候学者が「気候の驚き」(climate surprise)と呼ぶそうした急激な気候転換は、直近の一〇万年間の氷河期においてもしばしば起こった。現在の間氷期への移行過程にあった一時的な寒冷化のヤンガードリアス期(一万二〇〇〇~一万七〇〇〇年前)を挟んで訪れた数十年間という短い期間の二回の温暖化もそうした事例とされる。ここ一万年間の間氷期おいても、ヒプシサーマル期(六五〇〇~四五〇〇年前)や中世の温暖期(西暦九五〇~一三〇〇年)、近世の小氷期(西暦一三五〇~一八〇〇年)などが現実に引き起こされてきた。そこで有史以来の主要な文明の衰退と崩壊も、人口増と食糧事情、侵略や動乱、為政の失敗や疾病などの社会的人為的要因によるのではなく、むしろこうした急激な気候変動こそがその要因の背景であり、直接的な原因でもあったとも解釈されている。

そうした急激かつ不安定な変化の原因は、海水温度と塩分濃度の落差による海水大循環、および上下層転換の海洋メカニズムの突発性にあるとか、極地氷床・氷河の融解や氷山・流氷による循環への影響によるとかとされているが、まだ詳しくは解明されていない。今日の二酸化炭素排出を主とする人為的な地球温暖化がその引き金となるかどうかも、当然にして分かってはいない。従って、急激な気候変動が今後も起こりうることは否定できないとはするものの、それがいつどのように起きるかは予測できない。しかし起きた場合への対処のあり方は、次第に温暖化するとか徐々に氷河期に向かうとかいう場合とは、まったく異なったものとなるであろうとされている。

それはさておき、世界各国の地球気候モデルや日本の誇る地球シミュレーターのコンピューター解析によって、化石燃料中心の経済成長社会や環境に配慮した省資源・循環型社会といった進路の選択次第では、今世紀末に一七～一九度の範囲の地球平均気温になるとされている。海水面もこの一〇〇年間で一七センチメートル上昇したが、更に加速して一八～五九センチメートルの範囲で上昇すると予測されている。

こうした気温変化は、太陽活動の変動や火山噴火のエアロゾルによる遮蔽などの自然要因を原因とするなどの議論がなされてきたが、産業革命以降はそれだけでは説明できないとされた。温暖化効果ガスである二酸化炭素・メタン・フロン・亜酸化窒素などの二酸化炭素換算濃度は、二八〇ppmから三八〇ppmに上昇し、この間において、中でも化石燃料の燃焼による二酸化酸素排出量が主として増加したが、その経年増加と連動して濃度は上昇している。自然要因のみならば、二〇世紀後半は前半に比べて寒冷化するとされたこともあるが、逆に上昇したのである。人間活動などの人為的要因のデータをインプットすると観測値と推計値がよくマッチすることから、この百数十年間の地球気温の上昇は、人間活動によってもたらされていることが確実となった。

一部の疑問視を凌駕《りょうが》するさまざまな実証があり、中でも世界で約五〇〇人の科学者が連携する国連「気候変動に関する政府間パネル（ＩＰＣＣ）」の部会および統合報告は、ノーベル平和賞の対象となった。人間活動による二酸化炭素などの温室効果ガスの増加について、早急に対策が講じられなければ地球の生理は後戻りできない状態となり、人間の文明も生物の生態も計り知れない打撃をこうむることを明確に予測するものであった。

気温上昇を地球の地域別にみると、例えば高緯度地域の陸地は、今日よりも八度上昇（七〇〇ppmレベル）と予測され、これらによって極地氷床の融解、北極海氷の融解などが進む。また複雑な地球気象を反映して、熱帯太平洋や中・高緯度地域の多雨化、熱帯地域の乾燥化などとしてより現象化する。また海水温度・海面水位の上昇と相まった熱塩循環の変動によって、例えばヨーロッパや北米の気象は大きく変化するともされ、それらが現実となったような気象異常も起きている。熱帯性低気圧の頻発と大型化、高潮・高波、海岸・島嶼《とうしょ》の浸食、局地的豪雨や洪水害、熱波の多発や熱帯病の蔓延《まんえん》、旱魃や水不足、そして食糧危機などとして人間生活に影響がでる。

同じ植物が生きていくのに可能な気候帯は、摂氏二度ほどの平均気温の上昇で緯度（南北）方向で三〇〇キロメートル、高度（垂直）方向で三〇〇メートルほど移動するとされるから、彼らは民族移動ならぬ植物属大移動を起こさねばならない。とはいえ種子植物の拡散移動速度は、年間数十メートルからせいぜい一キロメートル程度とされるので、とても彼らが時間対応できる気候変化の速度ではないのである。ただし、雑草として嫌われているさまざまな草叢《くさむら》は、真っ先に繁茂し一層の存在感を示すことだろう。

地域的気候が変化しても気温が四季を通じて上がれば、寒い日がなくてよいし植物もよく育つだろうなどと楽観する以前に、人間によって改良され手なづけられた農耕植物さえ収穫量におおいに影響が出るし、栽培地を移動しなければならなくなる。身近にはミカンが長野県や青森県、リンゴは北海道といった作付け地域の変化も引き起こすし、その育成には改めて多大な労力が必要だ。日本は四〇パーセント未満の自給率しかなく食糧の多くを輸入に頼っているが、その小麦やトウモロコシの穀倉地帯における水不足や旱魃は、世界食糧事情に過酷で直接的な影響をもたらす。

これらを回避するためには省資源生産や省エネルギー生活への転換とともに、温暖化効果ガスの排出抑制と削減が必須であり、化石燃料に替わるバイオマス利用、太陽光や風水力利用、水素エネルギー開発などの技術化と普及が急がれている。人間活動による温暖化という不可避的な影響、不可逆的な時間差を伴う転換しか残されない事態に直面して、国連「気候変動枠組み条約」の締結国会議は、世界各国の足並みを揃えた温暖化効果ガス排出の抑制と削減目標値をまな板に乗せた。京都議定書では二〇〇八〜二〇一二年の間に先進国全体で一九九〇年レベル比でマイナス五パーセントを義務づけた。

しかし環境技術や省エネルギー対策がおおいに駆使されるとしても、七〇〇ppm・三度上昇程度までの抑制にとどまり、水不足や干害が飛躍的に増加する分岐点となる二度上昇以内にとどめる必要があるとされる。持続可能性は全世界において、樹林や魚類のように再生可能な資源はその再生速度以下、再生不可能な資源はそれを投資してえられる代替再生可能資源の持続可能な限度速度以下の、利用速度以内に抑えるべきであるとされる。

そのためには発展途上国も含めた世界いっせいの取り組みが不可欠であるとして議論されているが、先進国の負担と対策技術供与を中心として、主張の対立が激しいのは周知のところだ。国際関係といっても中央となる権威が存在しない主権国家どうしの集まりは、おのおの自国の利益を最大にしようとする。そして、自国の利益を脅かす状況を食い止める安全保障を追求し、その手段としての軍備や戦力行使によって勢力均衡を保とうとする。つまり国際関係における秩序は、国家間のパワー配分・配置の構造となって保持され、国益至上主義は国家として当然の権利だとしようとするのが現代の世界政治である。石油埋蔵量の予測値が政治的に都合よく変化するように、国益を越え全生命と未来世代の存続にかかる重要問題に対しても国家エゴイズムが働く。

地球温暖化問題はこれまでの産業公害などと違って、空間的に地球規模であってすべての生物の存在を脅かし、時間的に未来世代に重いつけを回す。この点で今日のいかなる価値観をも凌駕する倫理問題であって、どのようにして解決の糸口と脱出の抜け穴を見出しうるかは、人類の叡知と行動の最大課題となっている。それを当然にして、人類のみならず動植物を含めた全生物の生存がかかっているのである。

一九七二年に『成長の限界』がローマクラブにより発表され、このまま人口増加や環境破壊が続けば資源の枯渇や環境の悪化によって、一〇〇年以内に人類の発展は限界に達すると警鐘を鳴らした。その二〇年後の一九九二年には、様々なデータやコンピューターモデルを用いたシステムダイナミクスの結果をもとにした『限界を超えて』（ドメラ・H・メドウズ他　茅陽一他訳　ダイアモンド社）が、人間の取るべき選択肢を投げかけた。それから早一五年以上経ち、二〇〇七年は元米副大統領アル・ゴアの『不都合な真実』がベストセラーとなり、多くの地球環境関係の図書出版や報道がなされた。ゴア氏は地球環境問題を、もはや政治を越えて人類のモラル（倫理）の問題だと述べている。

人間の都合によって引き起こされつつあるこのような気象異常や気候変動は、地球史とともに果敢に進化してきた植物にしてみれば、迷惑なことこの上ない。迷惑どころかこれまでの彼らへの迫害も含めて、人間に対して逆襲に打って出たいことだろう。とはいえやさしい彼らは、人間の中にも友とすべき人や、納得できる考え方を求めている。そして、人間自身の叡知や技術による問題対処に加えて、その思考や心のあり方が変化することを願っている。

2 共生の条件

★大地と生活

自然との融合

自然にはそれ自体に何かが備わっている。そこから切り取ったり、そこへ付け加えたり、改造したりして生ずるものではなくてである。そもそも一本一本の樹木や一群の草叢をもって自然とは言わないし、また造られた庭や公園も自然とはせず、せいぜい自然らしい出来ばえなどと言ったりする。自然は山稜や渓谷や河川、岩石や土壌などの地形・地質、島嶼《とうしょ》や海浜や海、水や蒸気や積雪といった要素・要件とともに、植物や動物などの生物が形づくる生態的で時間・空間的な系である。

それは、一度破壊されれば人為的に再び同じ姿に構築できないものであり、何ものにも代えがたい。

そこから切り取り利用することによって生じる価値とは違う根源的な価値がある。だから自然に接したり浸ったりすると、あわただしく争うような気持ちが平穏で豊かな心地になる。すばらしい景観や月、日の移ろいに遭遇すると、時に荘厳な気分となる。自然の中のさまざまな生命を発見すると、書に学んで応用する知識とは違う体験や感応としての知恵となる。多様な生命活動や不思議な生命力をみて、時に尊厳さを感じる。

ところで私たちは、自然の風景や花鳥風月を愛でるとよく言うが、それはどういうことを指すのであろうか。山や森、花や月を見るという時には、そこに感性的な「環世界」を見ているのであろうか。それとも植物や鳥たちとの会話なのであろうか。詩歌をなす人や一部の画家や写真家などには、きっとこの答えがあるのだろうと思う。しかし、林業者や生物学者や趣味人でもない普通の人は、樹木や野鳥や風物をいちいち観察するように観たりすることがない。さらに、私たちは日本人は古来より温暖な気候風土の自然に包まれて、融合するように生きてきたとしばしば言われる際の、その自然とはどのように認識されるものなのだろうか。

新緑や紅葉はすばらしいと感激する、あるいはそろそろ咲くのかなと友のように花に接する人もいる。花の美しく咲き誇っている時だけはいとおしく、花がしおれ朽ちていくのは寂しく醜いものという感覚もある。花を買ってきて飾ったり高原に行って写真を撮ったりすることは好きだけれども、叢林には目を注がない人もいる。花さえ咲いてもいない草木などを眺めたり世話をしたりするような、お金にもならず時間の無駄づかいとなることに気を注ぐのは、無意味という人もいる。生命さえも物的に捉えるかのような（無）感性によって、緑化フェアなどで植えて咲かせたチューリップの花を、全部切ってしまうとか車で踏みにじるとかといった犯罪さえ各地に発生する時代でもある。

各人各様それぞれの自然への態度なのだが、こんなことで自然との融合といえるだろうか。特に今日では、身近な草花を愛でることと自然を見つめることとは違うということ、草木に関する価値観も千差万別であること、文学的であったり趣味的であったりするわけでもない日常生活においては、自然を意識し暮らしてはいないことに気づかされる。

かつての文学者や知識人の自然観にしても、おおくは自己の心象の反映としての自然像であること、自分なりの経験的な範囲内の自然であること、科学的・構造的な解像に基づくものでもないことは、次の二者によく表れている。「以下でわれこの世のほかの思ひいでに　風をいとはで花をながめん」と詠んだ西行（一一一八〜九〇年）の歌風は、率直・質実を旨としながら情感つよく表現されるものであり、恋歌や雑歌とともに四季の歌が勝れているとされる。院政前期から流行しはじめた隠棲趣味の和歌を完成させ、研ぎすまされた寂寥《せきりょう》、閑寂《かんじゃく》の美を盛ることで中世的叙情を残した功績は大きいともされる。室町時代以降、単に歌人としてのみではなく旅の中にある人として、あるいは歌と仏道という二つの道を歩んだ人として尊崇《そんすう》された。宗祇・芭蕉にとっての西行は、歌人としての一面のみを切り取ったものではなく、あくまでこうした全人的な存在であって、『撰集抄』『西行物語』をはじめとする西行らしい説話や伝説が、形成された所以《ゆえん》もまたここにあるとされる。西行が陰暦二月一六日、釈尊涅槃《ねはん》の日に入寂したというのも有名な逸話で、その日に向けて「願はくは花の下にて春死なんそのきさらぎの望月のころ」と、なんとも壮絶に詠んだことも有名である。

良寛（一七五八～一八三一年）は、若くして出家しながら生涯を通じて寺を持たず、庶民や子供に慕われつつ漢詩人、歌人、書家として事蹟を残した人であった。伸びてくる竹の子をいとおしんで床板をはずしたり、厠の屋根に蠟燭《ろうそく》で穴を開けようとして焼失させてしまったりという逸話でも知られるように、竹をこよなく愛した。タケ類は日に九〇センチメートルも伸びることもあり、肉眼で容易にその生命力を観察できる。タケノコは無性生殖の結果であるが、モウソウチクのそれは一カ月で二〇メートルも生長することがある。マダケは最長一二〇年もしてやっと開花し、その後には枯死する。良寛がそうした竹をどう愛したかは、ある漢詩において直・節・高・虚・根・堅という竹の性質を表した用語が、それぞれ素直・節操・高潔・虚心・根性・堅実を隠喩《いんゆ》することから、竹に友のように呼びかけ自ら同化し昇華することを求めたことにあるとされる。

このような自然への感性や情感は、自然に内在する価値を提示しているわけではないが、私たちの誰しもに備わっているならば、それはそれですばらしいことである。しかし今日では失せてしまっているのが現実であり、そもそも良寛のなんたるかさえ子供たちに受け入れられず、西行のような心情についても今日の知識人は自信がない。自然に眼をむけて日々を過ごし、あるいは死に赴けばこころ安らかである、他愛のある人間には穏やかさや希望があり、ひいては他者を安心させ、相互に平穏な状態にあれば精神は癒《いや》され志も向上する、といった西行や良寛の願いや望みも、なかなか正面きって受けとめることができない。

ニコライ・スラトコフ（一九二〇～九六年）はロシアの自然派作家であるが、ペテルブルグ南東のノブゴロドの森の別荘で暮らしつつ自然誌を綴った。中でも『幸せな狩の森で』（邦訳『北の森の一二か月』福井研介訳、福音館書店）は、その邦訳の表題のとおり、四季の森と動物の生態を細やかな眼と心で見つめた著作である。「幸せな狩」とは、生きものの命を決して奪わない狩を意味する「観察」のことであって、ハンティングを一生の趣味としアフリカに行って「幸せな追跡」と称しつつクーズー（ウシ科、大型の伶羊）の射撃に興じ、『キリマンジャロの雪』や『アフリカの緑の丘』を著したアーネスト・ヘミングウェイ（一八九九～一九六一年）とは違うのである。

少年少女向けとして翻訳された日本版は、鳥類の記述が多いものの森での出会いや発見に満ちており、謎かけや意外性のある結末などの表現豊かな短編集であると同時に、各月冒頭の各一編は、特に美しい詩になっている。例えば三月の項では、「三月は水色の月だ。水色の空、水色の雪。雪の上には、青い稲妻のような影ができている。水色にかすんだとおくの風景、水色の氷の世界。雪の上の水色の足あと。水色のユキワリソウと、水色の溝。はじめてできた水色の水たまりと、とけはじめた水色のつらら。そして地平線には、はるかかなたの森が青いすじになって、たなびいている。ありとあらゆるものが水色だ！」と色彩感を強調した詩になっている。

また「森にきざまれた思い出」において、「森をあるくのは、人生をあゆむようなものだ。森をあるくと、いたるところに思い出がある。なにを見ても、思い出にひたることができる。小さな丘、くぼ地、シラカバ林、トウヒ林、泉や小川。これらは、ただそこにあるだけではなく、記憶のなかのきざみめでもある。そこではなにかがおき、それが記憶にのこり、あとをのこしている。喜びや悲しみは、森じゅうにちらばっている。トウヒの木にいっぱいになっているまつぼっくりのように」と、人生の思い出と観察の対象となった自然との同調を述べるくだりには、おおいに共感させられる。なお翻訳日本版にあたり挿絵となっているニキータ・チャルーシンの絵は、色調を抑えながらも躍動的で表情豊かな楽しい動物画だ。


桜の育成に一生を捧げ、水上勉の『櫻守』の登場人物のモデルとなった笹部新太郎（一八八七〜一九七八年）は、実生で殖える山桜や里桜を愛して育成、保護に尽くした人である。祇園桜や御母衣《みほろ》の荘川桜（アズマヒガン）の維持・移植に関連して、「必ず生きる」と自分の言ったことが当たらなかったならば、以降、桜を語ることは止めると啖呵《たんか》をきった野人でもあった。

その著書の『櫻男行状』の中では、次のように述べている。「わが国の古来の桜は品種が減り銘木巨樹は年とともに滅びていく。例えば祇園の桜（枝垂桜、昭和二二年枯死）は花時ともなれば、宵に照明にあぶられて暑く、深夜に春寒に包まれることを来る春ごとに繰り返されて命を縮められ、天寿を全うするのではなく人間に枯らされた」。ここで桜というのは、日本全土の桜の八、九割を占めているソメイヨシノを除いてのものを意味していると注釈があり、実生や自生の桜が滅びつつあるのだと危惧するのである（「桜を滅ぼす桜の国」）。自然のプロセスを経ずクローンで世代交代するソメイヨシノは、桜であってサクラではないと好まなかったのだ。そしてさらに壮絶に言う。「動物の死には、死ぬのと殺されるとに差別をつけているが、植物の場合はこの二つをごっちゃにしている。（中略）木を殺す意味の字を一字だけ作ってほしい」と。

「殺す」という言葉は、大辞泉によれば「他人や生き物の生命を絶つ。命を取る」「死に至らせる。死なせる」などとなっており、撲り殺す、絞め殺す、刺し殺す、撃ち殺す、焼き殺す、呪い殺すなどの行為の方法や手段を伴った使用形があげられている。名詞形では殺人・殺害・虐殺などとされて、人間どうしの他殺や生血の通う動物の殺害の用語となっている。古事記にみられる古いことばに「はふる・ほふる。屠る」があり、これは「体を切ってばらばらにする」の意味であり、「あやめる」（殺める、危める）も人を殺傷する意味である。

英語では「殺す」はmurderとkillとがあり、前者は「不法に」殺すの意味であり後者は「生命を奪う」であって、殺人事件はa case of murder、自殺するのはkill oneselfとなる。Killには「人を殺す、人の命を奪う」以外に、「動物を殺す」「植物を枯らす」の意味もある。「殺す」の反語は「生かす」で「生きる」の反語は「死ぬ」だが、「人や動物が死ぬ、植物が枯れる」ことに対してはdieを用いる。

本来、動物や植物は「生きる」か「死ぬか」の生命生活だが、人間が介在すると「生かされる」「殺される」になる。人間は人間を殺すと同様に狩猟などで動物を殺すが、その際にはその字義どおりに観念しつつ手を下すと思われる。しかし樹木を伐採したりする場合には、あまりそういった念を持たずに行なうから、桜という樹木の命とともに生きた笹部翁のたぎる思いとなるのである。「殺される」意味を知らず罪などはもちろんなくて、切られ死なされる存在である無言の樹木のことだから、殺す側において少なくともそうした行為の観念だけは持つべきだと主張しているのだ。仮にそうした言葉があって木を切る際に明確に観念するならば、人を殺した場合にその過ちの自覚や悔悟の念にかられるのと同様な、木を切った後の自責や悔悟の念も形成されるのではないだろうか。今は使われない木へんの漢字を眺めながら、ひとしきり木々の気持ちもまた自然の摂理の一部であるかのようにおもんばかった。

一一月の冷え込んでよく晴れた朝、北風に落ち葉が舞い落ちるのを見ていると、時間が目の前を過ぎていく実感に襲われる。春に芽を出して新緑となり夏に青葉として茂った枝葉が、紅葉となること自体にも生命の意志を感じるが、散ることによってその営みを終えることを表明するのが落ち葉だからだ。葉っぱは冬が近づくと自分の栄養分を枝や根の方に送ってから、付け根の柄の部分に細胞がしぼんだような離層をつくり、水分の享受を止めて自らを枝から切り離す準備をする。そして枯葉となって積極的に風で散り、木全体の冬越し体制の一役を果たす。

しかし、その落ち葉も土に還り木々の滋養となって蘇《よみがえ》るとみれば、ただ消えていくとばかりにも見えず、春に風で飛んだ草花の種子のように、明日の命を託しているともいえる。ただしそれは、あくまでも土の上の落ち葉や種子であって、コンクリートやアスファルトの上に散った彼らは、人間に嫌われゴミとして掃かれて、火葬場ならぬ焼却場行きの哀れさだ。せめて路上でこなごなになって雨とともに流れ、川から海へと行き着いて海藻や魚の栄養にでもならなければ、この地上での営みの末路としては立つ瀬がない。

「この世の中のひとつひとつのものは、すべて同じ価値があり光り輝く存在である—この言葉にのっとって、一枚の葉っぱをありのままに描いてみたらどうだろう。恐る恐るとではあるが、ありのままの自分で、ありのままの葉っぱを一枚描いてみた」(『木の葉の美術館』「葉っぱの精神」群馬直美、世界文化社)と、木の葉を描き続けてきたのが画家の群馬直美さんである。そして、「小さな木の葉の中に、限りなく大きな宇宙が広がっています。小さくても大きくても、同じくらい密度の濃い物語があります。初々しい若葉のころ、虫に食われてたり、傷ついてたり、病気になったり、枯れちゃったり。葉っぱは何も語りはしないけど、一枚一枚の葉っぱたちは確かにそれぞれ物語っています。時々、描いていると小さくなって、複雑に入り組んだ葉脈の迷路に彷徨いこみます。途方にくれて歩いていると、手抜きのない迷路の中に、何か大きな、遥かなものへと続いてゆく、一本の道をみつけます。小さな木の葉にたくされた、たくさんのメッセージ、神さまが地球によせた　木の葉の葉書。

うん、これはなんて素敵な贈り物。てのひらの中で輝く葉っぱを見ながらまったく、シャレたことをするなとひとりほほえんでしまいます」と、述べている（同書「神様の贈りもの」）。群馬さんは葉っぱと会話ができる人なのだ。つまり以上の三者の人々は、自然や植物に本来的に内在する価値と向きあっているといえるのである。

みどりと生活

大地は、人間にとって常に開墾され牧草地や田畑になるべき所であり、建築や生活具の用材または薪炭のための樹木の生える所であって、そこにある自然物は常に収奪の対象となる空間であった。人口が増えれば一層そこかしこを居住地にし、森林の伐採や焼払いを行ない農牧地を拡大してきた。これらを手始めに、人間はおおいに生活空間を拡大し発展してきたが、そうした営為の極みが都市と都市文明の構築である。その都市化の歴史過程では、土木的基盤の建造や防塁の構築、道路や港湾などの交易網の築造、戦乱に伴う都市再建などのために森林破壊が行なわれてきた。

人間は歴史的にこうしたことを単に自らの発展と捉えており、地球全体さえも自分たちの占有物であると一人ぎめして、もっぱら大地の開発を進めてきた。それは他の動植物にとって生息域を奪われることであり、人間による彼らの土地もしくは大地の略奪だった。その上で人間どうし仲良くやっているかといえば、領地の拡大や奪還《だっかん》などを巡ってしょっちゅう争い殺しあってきたわけである。その戦争のために焦土ともなれば、他の生物にとっては棲息空間をいっそう奪われることになり、悔しいことこの上ない。

今や住まいも市場経済の一部であり、人々は長く住む住居を作るというよりは商品として受けとめて、古くなれば修理したり建て替えたりというよりは、買い替えるといった感覚である。リサイクルされない建材も、木のように朽ちるといった程度ではすまず、地球を汚染する産業廃棄物扱いとなる。土地も同様に商品であり、土壌や水分とともに生きる動植物とその自然物の場というかつての特質は忘れられて、住宅や市街地化のための効用や経済取引のための担保価値として評価される。かつてのバブル経済のように、わが国では土地を儲けの対象とするような土地本位経済であり、居住地が郊外に向かって拡散するばかりか、過密都市化によって大地の本来的価値はどんどん消滅した。

このような土地もしくは大地の占有や略奪、破壊や汚染、資源やエネルギーの収奪という人間が我がもの顔のなしてきた行為や活動について、自然はおおいに嘆いている。草木にとっての大地というのは、彼らがまさしくそこに根づき生きるための場所であり、水分や養分を与えてくれ、陽が十分に当る「土・地」そのものだからだ。その点で農耕や住まいや事務所のような、生産や休息や活動のために必要とする人間にとっての土地の概念とはおおいに違っている。人間による利用や所有といった概念を超えて、いかにも生命の大地なのである。

極端なことを言えば、マンションの一室に土が敷き詰められて、種子が蒔かれたり木が植えられたりしたら、それはそれで植物にとっては「土・地」である。地球全体を自分向きに風土化してしまった私たちは、せいぜいバルコニーや屋上くらいは彼らのために明渡してやったらどうか、ということになってくる。都市の中でもなにかしら空地になっている所は、その利用目的が定まらなければ我々を植えるか、自然な繁茂を容認したらどうかと彼らは要求している。

都会生活で草木とつきあう場所としてのバルコニーや出窓にいろいろな草木を置いていると、日々の水やりは当然としても、季節の折々に少しでも日当りのよい場所をどういうふうに配分してやるかが悩ましい。あちこちと置き場所を換えてやるが、たとえ洗濯物の乾きが少々遅くなっても、まず彼らに一等の陽の当る場所を与えてやりたいと思う。ただし長年同じ場所に置かれていた鉢は、移動によって生理が変わり、案外と葉を落としたりするから気をつけなければいけない。バルコニーの鉢植えの植物と地植えのそれとでは勢いがまるで違うのは、日光や雨水や土壌の豊富さの違いであるということに尽きる。たとえ日当りがよくても、鉢の中では根を十分に伸ばせず樹形も大きくなれない。逆に庭に地植えのタケ類は地中で箱状に囲うなどして、根を横に伸びさせないようにされている。

わが家の何種類かの草木は、たいした手入れもしてこなかったのに、バルコニーや室内で生き続けてきた。田舎の実家から株分けして持ってきたカンノンチクが二五年になり、大きくなった親株から子株、孫株まである。子供が小学校時代に蒔いた種から実生したミカンは、小さな鉢の中では大きくなれず〇・五メートルくらいの丈しかないが、それでももう一五年くらいになる。また、近くのケヤキ並木から飛来したらしい種子から芽生えた三本のケヤキは、七年になって一本は枯れたが大きい方は一・七メートルくらいであり、これらは所有地に移植されるとたちどころに大きくなった。

その他にはブーゲンビリアが園芸店で購入以来一五年以上、ユズも園芸店で購入後七年になる。草花では、サフランモドキという名前だと教えられて貰った球根性の花が三五年、園芸店で買ったオリヅルランが二五年、田舎から株分けしたテッセンが二〇年、小旅行の際に園芸産地で買って持ち帰ったシンビジウムが二〇年のつき合いといったところである。

もちろん枯らしてしまったものもあり、二〇年近くつき合ったゴムノキは、猫の室内トイレ場に居場所を譲ってから八年ほどを外暮らしであったが、バルコニーの片隅で冬寒を怨《うら》んで逝《い》った。美しい花を何度も見せてくれたクチナシ（一五年）も、大鉢や新しい土に植え替えてもらえないことを不満として衰弱して死んだ。やはりきれいな花を何度も咲かせた孔雀サボテンやシャコバサボテン（カニバ）は、いったん枯らしてしまったが、そのわずかな根と茎を大事にして再生を図った。

こうしてみるとこれらの草木の住処は、長らくわが家の中やバルコニーであったわけである。植物とくにボリュームを要求する樹木にとっては、そこに育ち大きくなるには狭すぎる空間である。とはいえその空間は誰のものかと思えば、所有権こそ主張しないものの共に住んでいる彼らのものでもあるといえる。このような立場に立つと、土地やその空間についての意味あいが変わって見えてくる。公園や林、森や山においてはともかく、人間が樹木を攻め込んでいる都会のさまざまな空間においてこそ、このように少しでも場所を譲り合って生きるべきではないだろうかと考えたりする。

欧州は、イギリス・ドイツ・オランダ・スウェーデン・オーストリアなどの諸国において、市民農園がたいへん盛んである。農園というよりは境界フェンスがない緑の園で、草木がのびのびと生育し、それらを愛して手入れをする人々によって維持されている。一区画が三〇〇平方メートル前後もの広さがあり、安い賃料での二五年もしくはそれ以上の長期賃貸借契約であって、野菜に限らず花や果樹の栽培に利用される。

契約利用者は、敷地内に二〇～三〇平方メートル程度の平屋根の小屋を建てて休憩や食事の場とし、共同で建てたクラブハウスもあって自主管理の運営や交流の場とする。こうした市民農園の用地確保や造成は自治体が行なったものであり、運営はボランティア中心の協会などが行なっている。契約者の区画だけではなく市民に解放された緑地広場や子供園地もあって、園芸教室やキャンプなどの催しも開催される。

市民農園の発祥は十八世紀末のイギリスであり、産業革命の中での救貧対策として自給農耕生産の区画を与えた政策にあるとされる。それらは一九世紀末になって法のもとに公有化され、二〇世紀に入ってからは約一四〇万区画（アロットメント・ガーデン）にまで増加して、他国への波及の背景となった。

ドイツのクラインガルテンも、やはり一九世紀前半における失業対策まで遡るとされる。その普及に尽力したダニエル・シュレーバー（一八〇八〜六一年）の意を汲んだシュレーバー協会が設立されて、一八六五年に活動を開始した。戦時の食料自給政策やその後の都市政策にともなって公有化が進み、二〇〇七年時点では約一二四万区画、利用人口約五〇〇万人を数えて今日に至っている。

日々の生活において、窓辺を飾ったりガラスを磨いたりして住いの彩りに熱心なオランダでは、都市部における花卉中心の市民農園の美しさに定評があり、冬季を除きいつもさまざまな花が咲き誇る。イギリスやドイツのように法的裏づけはないが、約七万人の会員によって自主的な運営がなされている。

日本では、一九二四年（大正一三年）の京都園芸倶楽部の活動に端を発し、戦後の農地法の制約を挟んで一九七〇年頃より盛んになった。一九九〇年には市民農園整備促進法が制定されて年々増加し、二〇〇八年三月末時点の農林水産省の統計によれば三二七三農園、区画総数約一六万一〇〇〇を数え、大都市域を含む関東ブロックにおいてその半数強を占めている。ただし都市緑地と位置づける西欧とは違って農地扱いであり、一区画は平均五〇平方メートルと狭く、大半は野菜作りに利用されている。また契約期間はおおむね五年以内と短く、管理運営は設置者である自治体等であって、契約利用者どうしの連帯も強くない。とはいえ、これらのような土地に茂る樹や咲く花は、さぞ幸せを感じて人々にも笑いかけてくるに違いない。

豊かな森を根こそぎ失ってしまった歴史を持つ西欧においては、都心部や外縁部にヨーロッパミズナラやヨーロッパシデを中心とする人工の森を有する都市が多く、都市林（stadtwald）と呼ばれるそれらは市民の日常的な散策の場となっている。ドイツでは、ベルリン・シュツットガルト・フランクフルト・デュッセルドルフ・ハンブルグなどにおいて、都市林のみならず川や運河沿い、道路や鉄道沿いを緑化して、郊外の森や丘陵地へと結ぶ緑の回廊（コリドール）造りに熱心である。こうしたみどりのネットワークを伝って鳥たちが行き来すると共に、風の通り道となることによって熱せられた都市を冷やす。わが国においても、国有林野において二四回廊、五一万ヘクタールに及ぶ「緑の回廊」が設定されているが、それはあくまでも自然環境の中における野生動植物の移動経路を確保するのが目的である。ベルリンやシュツットガルトやハンブルクなどの市内では、樹木の胸高直径が一五から二〇センチメートルになると、その木は公共の財産として登録されるほどだといい、それは炭素固定やヒートアイランドといった現実的な問題対策であると共に、さらに大きく育てて次世代へ引き継ぐことも意味する。

一五〇年前に市民の強い希望で造られたものの一時期は、市の財政難で放置され荒れ果てたニューヨークのセントラルパークは、今日では多くの市民のボランティアによって緑の樹木や花の草木が維持されている。幅が八〇〇メートルで長さは四キロメートル、面積が三二〇ヘクタールの大都会中央にあるこの公園は、市民の憩いの場であるとともに、音楽や踊り、草木や野鳥の観察、ジョギングや障害者レースなどのパーフォーマンスやイベントが盛んに催される。みどりの空間価値を共有し、維持していこうとする市民意識のもとにあるわけである。

わが国の場合は、例えば面積五八ヘクタールの都心部大公園の新宿御苑は、遊戯や演奏について禁止則が多く、開門は午前九時、閉門が午後四時半というふうに管理された公園だからこのようにはいかない。指定保存樹の制度があり、林の巨樹や鎮守の森の老大木こそは名指しされるが、一方で神木や賽木《さいぎ》でさえ丸太棒のように強剪定する住職がいるくらいだから、ベルリンのように街中の個人宅の木までを保存しようとするようなことはおいそれとはできない。

みどりの環境運動

宮城県気仙沼湾に注ぐ大川上流域での「森は海の恋人」植林運動などにおける漁業と林業との関係、あるいは各地の「ドングリ造林」や「里山維持」運動における人と自然のあり方の実践は、環境運動の勝れた事例として評価されている。田中 克京都大学名誉教授は魚類の生態学者であるが、魚の稚魚が渚や河口に集まるのは、川が森から運ぶ栄養が豊富であるためということから、海洋生物学の壁を超えて林学との交流を深め、「森里海連環学」という学問領域を提唱した。その推進のために水産実験所・研究林・農業試験地を統合して、二〇〇三年に京都大学フィールド科学教育研究センターを立ち上げ、副センター長に林学者の竹内典之京大教授（現名誉教授）を迎えて、自らは初代センター長を務めた（現在のセンター長は白山義久教授）。

この「森里海連環学」に関連して、里や海に替えて「森と川と街」の連環ということに思い至る。森は動植物の生存の場、生態・進化の揺りかごだし、街は言うまでもなく私たちの活動と生活の場、文化・文明の入れものだ。人間は森自体の恩恵に授かる暮らしから、その林野を切り拓き路を通じて農耕地や邑《ゆう》・街《がい》を発達させてきたから、自然の征服が標榜された時代以降ではこの二者は相反的・対立的である。川は言うまでもなく山や森に流れを発し、平地を経て海に至り、そうした対立には無関係にこの二者をとりなしてきた。街の成立について、生業や生産物の集積とその経路である道路・街路の交錯などに求めることがしばしばある。しかし交易流通の手段となる以前の川が、生活用水の確保や漁労などの場であったことを思えば、人の集散と交流の地勢の要点は、やはり川である。

川は山野の森から水や養分を運び海に至るが、今日では人間の村や町を通過することによって清水であったものが下水へと変化する。街から下流にあたる川が汚れることの理由は明白だから、その点で川は単に自然地理的に森と海を繋ぐもの、もしくは物流の手段ではなくなり、人間の生活汚染の運搬役となってしまう。かつての新産業都市や工業整備特別地域のかけ声とともに、瀬戸内海をはじめ各地の内湾を汚染した時代を振り返れば、海の自浄が森や里との連携によってのみ保たれるものでもない。コンビナートであれ大都会であれ人間がもっとも生産と消費にいそしむ所である諸々の街こそが、山や森から湧きいでた清流をそのままに海へと至らせることの自覚や責任を有しなければならない。

海のためには上流域の造林も非常に大切であるが、中流域の人間による工場廃液処理、下水道処理、化成洗剤や油脂の抑制、分別処理や高度燃焼などの措置や浄化などの、つまり都市の自浄性や環境の自立性を目指す必要性がまだまだある。下水道が各都市において相当に整備され、終末処理場の水質浄化レベルは格段に向上してきたという事実はあっても、それは当然にして達成されるべき指標であって汚染する側がなにも誇ることではない。

都市の自浄性や自立性の一環として、現に公園の樹林や街路樹などがそこここにあるではないかという指摘も出てきそうだ。しかしそれらは、生活汚水や炭酸ガスの排出に十分つり合う程なのか、住宅地の庭や工場敷地内の空閑地には樹木が十分に育っているといえるのか、事務所ビルはコンクリートとガラスばかりで都市をヒートアイランドにしているではないか、郊外に向かう路も車で溢れかえり、信号標識や街路灯のためとして街路樹は、よく丸太棒のように剪定されているではないか、などと反問したくなるのである。

ましてや都市河川は、コンクリート護岸や暗渠化や、高速道路の脚柱のための足場とされてしまい、空缶を投げ込まれこそすれ市民には見向きもされず、ここでいう連環や循環の一翼である役割さえ抹殺されている。翻ってそうした川が、清流であるとともに堤防にも緑陰が連続していること、上流域から海まで都市部においても分断されないで緑の回廊になっていることなどのイメージを描けば、今日の街に欠けているものが何であるかがよく分かる。

環境問題意識のもとで、かねてより禿山の植林運動や汚濁河川の浄化作戦、トラスト運動や景観保全制度などの、自然への負荷軽減や共存・共生への注力や行動が各地でなされてきてはいる。その一つに里山の維持・保全運動がある。里山は用材や薪炭の採取、山菜・キノコや木の実などの採集場などとして、古くから利用され、また源流や湧水からの取水・利水によって生活や農耕を支えてきた。その用水路やため池、田んぼや湿地、草地や茅場を含めた里山・田は、クヌギやコナラやアカマツ、ヤマツツジやネザサ、スミレ類やキキョウ、ウキクサやミズアオイなどの植生とともに、メダカやドジョウやナマズ、ゲンゴロウやタガメ、タニシやザリガニ、カエルやヘビ、ネズミやモグラ、チョウ類やトンボ類などの動物が、多様な生態系を形づくっている。

地形や景観の側面、樹林と田んぼと水系の関係からは、谷戸田・谷津田・棚田があるが、いずれにしても定期的に人手がはいることによって成り立つ、自然と人間が融合する独特な環境である。化石燃料や化学肥料の普及、農業離れや過疎化、乱開発や都市化が進んだ今日でも各地に残っている。朝日新聞社が選んだ「にほんの里一〇〇選」のうちの、大阪府能勢町長谷や東京都町田市小野路や千葉県印西市結縁寺などはこうした地区である。こうした区域は環境保全と共生の最適モデルであるとする見方さえあり、そこでの多様な生態系と共に、長らく営まれてきた生活の伝統も継承に値することだとされ、形成された景観に関しても多くの評価がある。そうした価値づけを前提として、この小宇宙は地球環境のあるべきモデルであるというわけである。

大都市を中心として一定規模以上の新築建造物の屋上や壁面の緑化を義務づける自治体があり、それらの技術も進んで民間建築物における緑化建物が増えてきた。また小・中学校を始め区役所などの公共施設の壁面に、ヘチマやヒョウタン、アサガオやニガウリなどのツル性植物によって、巨大なスダレ状の「緑のカーテン」を育てる運動も拡がっている。子供たちによって五月の始めにプランターに植え込まれた苗は、七月には張ったネットの半ばまで這い上がり、八月下旬には建物の三階屋上あたりにまで達する巨大なカーテンとなる。芝生地のことをみどりの絨毯《じゅうたん》、建物の屋上や壁面の緑化はみどりの帽子や衣服とするならば、公園樹木や街路樹はみどりの日傘であり、みどりの廊下・回廊（コリドー）でもある。こうした私たちの生活感と一体となった植物たちの捉え方が大切だ。

かつて生活の身近な所に普通に見かけ、それなりに人に愛でられたレンゲソウやニッポンタンポポ、アザミやナデシコ、オミナエシやノギク（ノジギク、ノコンギクなど）であるが、今や野草園か個人の庭にしか見られなくなった草花は多い。そこで、それらの種子を維持し承継する活動もある。東京都立神代植物公園や富山中央植物園では、公園ボランティアガイドや一般市民が種子採取と保存の方法などのマニュアルの講習を受けて、タネの採取や押葉サンプルづくり、採取の場所や時期の記録などの協力を行なっている。

ジーンバンクというと植物研究機関のことになるが、種子を集めて希望者に配布する運動もある。『種から山野草を育てる』（小学館）の著者である石原篤幸氏は、山野草の種子を希望者に提供したり交換したりする仕組みの「タネタネット」を主催している。年間を通して新しい種子を蓄えてインターネット上で公開し、その種子リストは二〇〇八年度で二〇〇近くの数にのぼっている。わずかな経費で郵送されてくるが、自分で採取した種子を申し込みに併せて送付すれば、リストに加えられ欲しい種子の代金の一部も免除される。都市化や開発によって近郊・山野から姿を消してしまいつつある草花が、こうした商業目的ではない流通機能により少しでも維持・保存され、伝播していくための実践である。

また「花と緑の交換会」を実施する横浜市・国立市・川西市などの地方公共団体もある。中でも町田市は、一九八二年から始まり二五年以上という歴史のある活動だ。毎年の春と秋の二回開催され各回一千鉢前後の出品があり、持ち込まれた植物は点数をつけられ各コーナーに並べられて、それらを持ち込んだ人は同点の鉢物と交換できる仕組みである。この緑の交換会の出品数を最近増やしているのが、「花と緑のリサイクル」によって集まる鉢物の数々である。これらは交換会に持ち寄ることはできないものの廃棄するには忍びなく寄付されたもので、各回二〇〇～五〇〇鉢が希望者に引取られる。

こうした実践以外にも、植物の側の立場に立って彼らの意見や主張に真摯《しんし》に耳を傾けると、さまざまな発想が浮かんでくる。ニュータウンや丘陵住宅地では、造成斜面に草しか生えておらず、秋になるとススキが鬱蒼《うっそう》と茂る所を見かける。その斜面をどのような利用に供するのかと考えてみても、人間の欲する経済的な使い道はどうみてもなく、年に一度の草刈りに費用を掛けて刈られるスキが、それこそ非経済的ではないかと首をかしげている。すでに三〇年にわたってこういう状態の所もあるが、当初から小さな木でも植えておけば今ごろは樹林になっているはずであり、また今からでもそうすればよいと思う。生長や繁茂が早く造成斜面も安定させ、食用ともなるタケを植えるのがよいかも知れない。

高齢化や人口減少の社会となって空き家や廃屋が目立つようになったが、今後はそれらが増加こそすれ減ることはないだろうし、放置されて朽ちるに任すと言わんばかりの状態である。古くなった住宅団地では、建て替えられ更新される所もあるが、減築したり余地が生じたりする場合もある。人間が再生したり新たな土地利用を欲しないならば、それこそ奪われる以前の占用者であった植物は、その地をもう一度返せと言いたいことだろう。これらに限らず、草木が元の所有権を主張しそうな公共利用の土地としては、鉄道線路のへりや、河川改修によってただの芝貼となっている大堤防や、真っ直ぐに改良した道路の脇に舗装のままで残る元の道路敷などと、いろいろある。

自然を排除して成立するのが都市であったとしても、都市内部にあってこそその自浄性とともに、こうした植栽や造林による自然要素の復権、都市の森林化が今やむしろ目指されなければならない。都市において草木の繁茂を許容し促進する、というこれまでの都市自体の成立背景とは相反するあり方こそが、価値だとする認識がいま必要だと思う。汎地球都市化の状況下において、わが国のようにまだまだ森や川に恵まれて生活空間が成立している国土にあっては、このように自然環境および都市環境を捉える「森・川・街」の連環や循環のあり方に、耳目が集中し叡知が傾けられるべきだと思うのである。

★自然の立権

環境の倫理

人間は、大自然の摂理である原子や遺伝子、生物生命や地球生態系にわたって、それらを操作する術を得て、また破壊する力を持ってしまっている。地球の有限な空間においては人間によるすべての行為が、他の生命に何らかの影響や危害を及ぼす可能性があり、環境問題として具体化し子孫の生存条件さえも脅かす。

今日の環境問題は、資源の浪費と枯渇並びに廃棄物の累積と環境汚染、気候の変動や気象の混乱並びに生態系の劣化や生物種の危機、として捉えられる。前二者は環境問題の要因でもあり結果でもあるが、対策や代替措置がまだ可能な課題である。しかし後二者はそれが次第に不可能となり、場合によっては不可逆的な事態に陥ってしまう事柄だ。そうならないためには、因果関係の厳密な証明はともかくとして事前の予防策を講じるしかないが、今日の地球温暖化問題がそうしたことの典型となっている。地域的・特定的に発生する自然災害や、大気汚染・水質汚濁・土壌汚染・地盤沈下・騒音・振動・悪臭として衛生・健康上の問題となる産業公害とは違って、環境問題は生物生命の現在と未来にとって、より広範で根本的な障害をもたらす課題である。

環境倫理は地球自然の保全と持続にかかる倫理観で、地球総体の生命観、自然・生物の生存権、未来世代に対する責任・義務がその主たる内容とされる。地球は限界があり生命はそのもとで等しく存在するという地球総体主義、すべての生物個体と生物種あるいは生態系の地球における生存の認知、現在世代は未来世代の生存可能性に責任と義務がある、という世代間倫理の三つである。

現世世代は、今日社会への発言の機会や投票権を持ちえない未来世代に対して、その生存条件を保証する責任がある。そこで資源、自然環境、生態系、生物種などの未来世代の存在と利害の根底となることについては、旧来の思想や現状の法体系にかかわらず、今の活動や生活を犠牲にしてでも保存・継承の義務を負う、というのが環境倫理の命題であるとされる。

自然環境の尊重やそれらに対する義務、人間以外の全生物生命に尊厳をみるということは、人間関係の中での配慮や義務から派生してくるものではなく、自然そのものに内在する価値や権利に対応するものとなる、とするのが人間非中心主義もしくは自然主義の立場である。その際に、環境倫理が対象とする自然の内在的価値とされる事柄は、どう規定され定義されうるかが論議される。

例えば、痛みの有無に動物の主体と権利をみるというように、パトス（感覚・感性）としての感受能力や生命を生物種固有の価値とみる立場がある。また、すべての生物は生命維持そのものが目的であり存在の幸福であるから、倫理的にも尊重されるべきだという立場がある。さらに、人間もその一員である生物生態系は相互依存の関係にあり、全体としての健全さや良好さが維持される必要があるから、すべての生物が尊重されなければならない、とする立場がある。あるいは、価値判断の主体や根拠はどうなのかについて、生態系や生物固有の内在的価値にあるとする客観主義と、社会性や公共性によって普遍化されてきた人間の主観的判断によるとする主観主義とがある。前者は生物の進化世界にも通じ、後者は利己的生物像の知見にも通じることになる。

とはいうものの現実的には、先進諸国の開発や消費、南北問題としての格差や貧困、地域紛争や軍拡競争などとしての環境破壊がある。低所得階層や先住民居住地域が、まず廃棄物や汚染の押し付け処理場とされる例も多い。そうした点から、このような環境倫理の論議は果たして現実の環境問題に役立っているか、という疑問が取りざたされる。資源利用の不平等や不適正、汚染や破壊の不公平や不公正などの環境問題における不正義も、人間が中心か自然が中心かでは解決しないというのである。

そこで、環境倫理は環境運動、環境政策、環境科学といった実際の行動や知見から湧き起こる社会的・公共的なものであるべきだ、という環境プラグマティズムの立場もある。人間中心主義に属する立場であるが、自然を道具的に対象化しているわけではなく、自然の美しさや体験の豊かさを尊重し保全して次世代へ継承するという点で、自然そのものとの関わりに価値を見出していることに変わりはない。

自然について、人間が利用し利益をあげる有用な対象や手段としてみるばかりではなく、自然そのものの摂理や生命の荘厳さをみることへの転換が問われている。あるいは、埋蔵したままでの資源や安定した大気圏に価値を見出すということが求められている。これらの立場は既存の価値観や経済原理にそぐわないし、また、それらを未来世代に引き継ぐためにそのまま維持・保全するということは、今日に生きる世代と世界全体の合意になかなか至らない。しかし、人間と人間との関係で問われてきた諸課題が、今や人間と自然との関係の中に問われるところに今日の地球環境問題があり、環境倫理が探求される背景がある。これまでに当り前とされてきたことでも、その自明性が揺らぎ問題化する場合には、自覚や反省を通して新しい規範が打ち立てられなければならないとされる。

アルド・レオポルド（一八八七～一九四八年）は『砂の国の暦』（一九四九年出版、邦訳『野生のうたが聞こえる』講談社）の中で、今日の環境倫理の原点になる「土地倫理」(land ethics) という考え方を提起した。ここで「土地」(land) と彼が言うのは、大地の土壌や水、およびこれらに依存して生きる動物や植物などの生態系の総体をさしている。レオポルドは、「人間と土地とは、相変わらずまったく実利的な関係で結ばれており、人間は特権を主張するばかりでいっさい義務を負っていない」として、「ヒトという種の役割を、土地という共同体の征服者から単なる一構成員、一市民へと変えるべきだ」と言う。そして「土地倫理とは、共同体という概念の枠を土壌、水、植物、動物、つまりこれらを総称した土地にまで拡大した場合の倫理をさす」と定義した。

そもそも自然、ひいては地球環境の主役はだれであるのだろうか。大陸や海洋や大気だろうか。あるいは人間を中心とする動物界だろうか。それは地球史をひも解くまでもなく過去も現在も我々だと植物たちは言っている。私たちは、そのことをまったく忘れているかほとんど念頭に置かない。主役のつもりの人間の傲慢《ごうまん》な営為が、村落・都市に限らず地球総体の自然におよび、気候・気象や海洋の変調までもたらしつつある。人間活動による地球規模の汚染や破壊の弊害が、地上のすべての存在や空間に降りかかるようになれば、主役や脇役ではなく、あるのは加害者と被害者、人間自身にとってみても自らが加害者であり被害者であるということでもある。

レオポルドの言う「土地」は、付帯する自然の生態に加えて場所性や空間性を包括しているから、ここで「土地倫理」を便宜上「空間倫理」と呼び変えて、空間の価値についても環境倫理的に捉えることとしてみる。「空間倫理」は、空間を対象化して認識し、それを価値づけるということから始めて、その価値を環境倫理の原則に則って捉えることになる。その価値がさまざまな価値の上位に位置し、もっとも優先されるべきこととなる場合には、その点からも倫理的なこととなる。

「空間倫理」は「土地倫理」の一部であり延長・補完であって、その問題意識で地球上の動植物の棲息空間にとどまらず、人間の都市的・利己的な土地利用までを見通す。当然のこととしてこの倫理観は、自然のためにも人間のためにも、自然からの搾取あるいは空間の汚染を許さない。保存・継承の知識としての伝統や、新しい知識の創造・維持としての文化の側面でも、見出され位置づけられ得る。「空間倫理」はこれまでに培われてきた伝統・文化・文明よりも、より優位でより高次なものである。例えば、焼畑農業や牧畜業などのような樹林や草原などの自然環境を改廃する生業的伝統や、開発や過大な環境負荷をもたらす都市文明についてさえも、「空間倫理」からその意味あいが問い直されることになる。

「空間倫理」に拠ってたつということは、既成の価値観の上位に位置づけ誰しもが採択し、あたかも義務であるかのように受けとめる立場をとることである。自然環境から生産環境・産業環境、そして都市環境から地球環境にいたるすべての空間における、人間と自然との位置づけと、あるべき姿の目標でもある。現世都合の自然との関係を超えて、まさしく都市社会から地球環境、未来世代までを貫く義務的な概念が「空間倫理」である。結局、この倫理観の背景は、〝空間に関する約束ごと〟などではなく、地球環境の危機認識にたった自然観および生命観である。

自然の権利と「プラント ライツ」

一九七二年にクリストファー・ストーンが発表した「樹木の当事者適格」(原題は「Should Tree Have Standing?」)という法哲学論文は、権利の概念を根本から揺るがすものとなった。その中で「権利の主体は、富裕層のみ、男性のみ、白人のみといった限定を次々にはずされ拡張されてきた。この流れは人類以外の存在にも向けられるべきだ」「自然物にも法的な権利があり、それが侵害されればその排除、回復、損害賠償が認められるべきである」と、植物・動物が保持するべき権利が主張されたのである。

「ミネラルキング渓谷開発計画」訴訟（一九六五年提訴、シェラクラブ・モートン事件）は、自然保護団体のシェラクラブがウォルト・ディズニー社よるミネラルキング渓谷の開発許可の無効性を求めて、モートン内務長官を訴えたものである。一九七二年にあった判決は敗訴ではあったものの、その判決文の中でダグラス連邦最高裁判事は「この裁判の原告はシェラクラブではなく、ミネラルキング渓谷自身であるべきだった」と述べた。ここに自然保護訴訟の場において、はじめて「自然の権利」の考え方が登場した。

さらにその翌年に制定された「絶滅の危機にある種の法」の市民訴訟条項において、緊要な自然保護訴訟については自然物の原告適格を争うことなく、市民なら誰でも代弁して法廷に立つことが出来るとされた。これによりその後の自然保護訴訟では、被害を受けるとする自然物の名を原告として記載することができるようになり、一九七八年にはハワイの鳥の一つであるパリーラの名のもとに訴訟が提起され、彼女自身が勝訴した。パリーラから依頼を受けたというようなことは勿論なく、あくまでもその保護をめざす自然保護団体や開発反対者が実質的な原告であるが、それを前提としての判決であった。このように「自然の権利」概念は、原告適格に欠けることによる却下を回避しつつ、利害対立のある開発訴訟などにおける戦術ないしは技法として拡大していった。動植物などが法廷に登場し訴えるなどということは不自然にみえるが、例えば人間ではない法人が、人間ともども法廷の常連となっていることと対比して位置づけられつつある。

ただし、日本における「自然の権利」の運動や訴訟では、米国のような市民訴訟条項にかかる関連法がないために、原告適格をめぐってのせめぎあいが続けられている。奄美大島におけるゴルフ場開発計画を阻止するためのアマミノクロウサギなどを原告とする奄美自然の権利訴訟（一九九五年提訴）を始めとして、沖縄辺野古に予定する米軍基地建設事業に関しての、ジュゴン棲息地を含む沖縄の自然環境への適切な配慮を求める訴訟（二〇〇四年提訴）などがある。「自然の権利」闘争に取り組む弁護士の籠橋隆明氏は、ヤンバルクイナ訴訟、諫早湾などの自然保護訴訟に携わり、日本における「自然の権利」確立のために精力的な活動を展開して、それら活動資金となるべき「自然の権利」基金の事務局長も務めている。

権利という概念が人間社会の中で構成され行使されてきたために、一般的には自然にも権利があるとすることにはまだ抵抗を感じる人が多い。しかし、人間による汎地球的な自然干渉が、森林や樹木などの植物とそこに生息する幾種もの生物を絶滅に追いやっている現状にかんがみると、極めて重要かつ当然な提起である。レオポルトの「土地倫理」は、自然およびその生態を倫理に結びつけたところに意義があり、「自然の権利」は、その倫理の課題を現実の社会的法制度の中で扱った点が大きいとされる。

「自然の権利」の概念は、ここに登場したパリーラなどの動物において、固有権利概念として捉えられるいわゆるアニマル ライト（animal right）とは異なっている。出発点がほど近いので混同されることが多いとされるが、前者は人間による自然物の代弁という自然保護訴訟における概念となっており、後者は動物の個体に権利自体を認めることを目指している。

アニマル ライトは、人間の基本的人権尊重と同様に動物もそれらしく生きることが尊重されるべきであり、人間から虐待・搾取されず自然な生活をする権利として、オーストラリアの哲学者ピーター・シンガーが主唱した。他の種に対する人間の利益の優先や搾取の正当化は、古くからある種差別（speciesism）であり、種を越えて基本的な権利の枠を広げて保障すべきだという思想である。具体的には、動物の食用や毛皮・革製品化、動物実験やペット投棄、動物園・水族館やサーカスなどにおける虐待や実利的な扱いなどから動物を守ることの運動で、人間の情愛が先行する動物愛護運動とは違う。動物が好きか嫌いかにかかわらず、人間種に属さないからといって動物としての生きる権利を奪ったり虐待したりすることは、倫理的には許されないことである、という考え方はもっと一般化すべきであると思う。

そこで、植物に目を向けてプラント ライトと言うと、日照不足を補うために使用する太陽光に近い植物育成用ランプのことをつい思い浮かべてしまうが、その light のことではなく right、それも右側とか正しいとかの語彙《ごい》ではなく権利、植物にかかる権利について、ここでは「プラント ライツ」(plant rights) として考えてみよう。

その前に「権利」であるが、一般的にはある行為をなし、あるいはしないことのできる資格であり、法律的には一定の利益を主張または享受することを、法により認めた地位とする。あるいは、他人に対して一定の行為・不作為を求めることができる地位とされる。各個人・個体が有する権利は、通常は社会などの制度との関係において、それが保障されるか否かが問われる。従って、法治主義のもとにおいての権利は、法に基づき個々に付与される特権として理解されている。法哲学の分野での権利は、本来的に付与され普遍的であるとするジョン・ロックの自然法の立場と、人民と王との間の社会契約によるとするトマス・ポップスの見解に分かれる。

近代以前の権利は、社会的身分（王族・貴族・自由民・奴隷）で違うものであって人権とは同一ではなく、今日でも国家・個人・法人・外国人などの間で、権利の内容が異なってくるのは周知のとおりである。権利の内容についても、法により保護された利益が権利であるとする利益説、法により保障された意志または意欲の力とする意思説、他者に対する一種の支配権を権利とする選択説などとさまざまである。概念定義によらずに用法により考えるべきだとする場合には、公権、私権、財産権、請求権、人格権、身分権などとして規定される。いずれにしても、これらが人間どうしの社会関係において発生するものであることには変わりがない。

さて植物は、光合成という根源的な義務を十二分に果たし、食物連鎖の下層にあって動物の食欲に応じ、人間による多目的で歴史的・地域的な利用にもおおいに貢献してきた。そのような植物には少なくとも、どのような権利が付与されるべきであり、どんな対象や範囲において保障されるべきであるかが想定できるだろうか。これまでにみてきたことからすると、環境倫理原則の一員である植物の生きる権利（生存権）、それを具体化する自由に繁殖する権利（自由権、生育権）、花や果実をむやみに奪われない権利（財産権）などということになる。

とはいえここでは、やはり人間の基本的人権に相当する権利が課題となるだろう。「基本的植物権」ということになれば、絶滅危惧植物はいうに及ばず、すべての植物が対象であることになるが、地域的・空間的には世界自然遺産に指定されているレバノンスギや、国立公園内で伐採などが禁じられて安寧に生育している樹木や山野草などもあるから、限定して想定した方が分かりやすい。その点ではアニマル ライト同様に、人間生活の身近な所でその干渉や圧迫を受けている草木にどうしても視線がいく。

例えば、公園の木や街路樹が「公権」を得て安泰かといえば決してそうではない。プラタナスやイチョウが長髪でおりたいのにむりやり坊主頭に剪定されたり、日照阻害だとか虫がつくとかと言われて伐採の死刑に処せられたりしている。神木や巨樹・長命樹とされて手厚く保護される木は、「樹格権」が認められて幸せそうである。ところが、たとえ暦年の社寺の叢林であっても、境内敷地の高度利用のために追いやられる樹木などは、「身分権」さえもなく誠にやるせないことだろう。草木を搾取し虐待するばかりの人間活動は見直されるべきだ、という立場からは場合によっては、草木の「財産権」を認めて土地を返してやることがあってもよいのではないか、などといった権利が展望される。

これは、環境自然の中の樹林、都市環境の中での公園樹、身近な草木との関係においての問題であるが、人間の手になる人工林・育成樹との関係においても筋が通る必要がある。例えば果樹園は、狩猟・採集時代の食料事情から生み出された人間の叡知であり、人工林も同じく用材の必要から生み出された知恵である。ともに自然林からの置き換えであり、自然史的にみて焼畑農業・牧畜・農耕地開拓などにおける森林破壊とは様相が違う。ただし、林業経営の現場において採算に合わないなどとしてスギ・ヒノキの人工林が放置されているとすると、リンゴの実がよく成るのでいっそう木を殖やそうとするのではなく、豊作すぎて値が下がるので採って捨てるということと同様に、自然植生の「私権」を追いやったことに過ぎなくなってしまう。

育成されたスギやヒノキが切られて住宅の柱や梁になるということは、人間のための用材として犠牲になったともいえるが、木は材木になっても呼吸し生きつづけるとされるようなもてなし方であれば、人工林の木にしてみても第二の人生を送ると言えなくもない。そして自生していた場所空間が、次世代の若木や異種植物に対して譲られれば、それは「選択権」の問題になる。ところが、木が枯死させられ、切られ燃やされるということは、単に殺されることであり「生存権」に抵触する。

保護・保存、互恵・応用、畏敬・慰安、そして共存・共生などの、さまざまな自然との関係が模索されている。私たちは、草木であれ叢林であれ、自然林であれ人工林であれ、限られた地球環境の枠組みの中で彼らと共に生きていかなければならない。そうであればあるほど、植物の基本的権利を認めるべきだという、以上のような自然観や生命観まで見据えたいと思う。人間における効用価値や法的権利は相対的・用法的な事柄であるが、「空間倫理」や「プラント ライツ」は、これより未来の絶対的・倫理的な指針となるべきであろう。

生物の環境とその生命活動を、地球史から未来の展望にわたって捉えると、植物が主張したいことがこのように浮かび上がってくる。私たちは果たして環境原告としての彼らの提案を受けとめられるか、ということがいま問われていることになるのである。

おわりに

私は野山が好きでよく出かけていき、あちこちの樹林の中を歩いてきた。そうすると、いやがおうでも植物のことが知りたくなってくる。あれこれ観察していると、ますます彼らに興味が湧いてくると共に、私のココロに問いかけるような声が聞こえてくる。実際のところ植物をよくよく観れば、またその実態を知れば知るほど、彼らの賢さや意図を知ることになった。

動くことすらできない植物がもの言うことがあるものか、と誰しもが思うに違いない。声を張り上げて演説するということは勿論ない。しかし、無言で語るというか伝達しようとしているというか、彼らに耳を傾けるとそうしたことが分かる。私はそれを、森から帰ったある夜の真夜中に、つまらない夢から目覚めて再び眠られず、夢の続きを見るくらいならばもっと楽しく驚きに満ちたことがないのかなと、ぼんやり考えていた時に気づいたのである。

植物がどのように語っているというのか、あるいは植物はいつどこでだれに語っているというのか、植物がなぜ主張するというのか。そして肝心なことは、彼らはいったい何を言おうとしているのであろうか。本書ではそうしたことへ迫りたかった。彼らにしても、さて私たちが聞く耳を持てるか、主張を受けとめられるかと問いかけているようにも思えた。私の聞いた限りでは、それはたいへん深遠とさえいいうる内容だった。

　大量生産や消費の果てに戦乱まで加えて、地球上で究極の消耗を繰り返す存在である人類は、今や地球上の全生命の存立を脅かす環境問題も引き起こすに至っている。私たちは本能的不制御、社会的不都合の上に、地球的不適合といった問題を抱える存在になってしまった。人間は、全生物のうちでもある意味ではもっとも欠陥のある動物である。そうなったのは進化や遺伝則なのか、それとも欲望や思考の後天則なのか分からない。とりあえずその両方と言っておいても差し支えないと思うけれども、そのうちに進歩の著しい遺伝子学や脳科学によって明らかにされることだろう。

　過去に人間が成し遂げたさまざまな文明や文化の評価は差し置いても、人間中心主義と進歩主義による自然破壊や地球環境問題は、今日の知識や技術、思想や芸術、政治や経済などのすべての知見を差し向け結集させるくらいでないと解決できない。環境問題対処のスタート点は、人間の消費生活水準を守ろうとすることからではなく、ましてや自然の征服者としての傲慢《ごうまん》さではなく、まず動植物と対等な位置に立つことだと思う。自然界から多くの知識や材料を得て、それを利用する形で進歩してきた人類であるが、そのあり方や方向に問題があった。ここは生物、特に植物界をもう一度見つめ直し、彼らから謙虚に学び知恵を得ることが必要だろう。

　園芸好きの父を持ち自らの処女集にも『温室』という表題をつけた、戯曲『青い鳥』の作者モーリス・メーテルリンクは、社会性昆虫のミツバチやアリを題材とする博物文学も著わした。地上でもっとも美しく知的な存在であるとして花にも熱心な観察の眼を注ぎ、一九〇七年に『花の知恵』を出版している。そこには花の生成や形態に生命の光明を読みとり、また宇宙的精神に迫ろうとする思想がある。あの『青い鳥』でも、すべての生き物や物体に精霊を見いだし、光や時間さえも精になって登場させた。チルチル・ミチルが幸福の青い鳥を探してさまざまな国へ行く際の、道案内であり困難な局面で二人を助けるのは「光の精」だった。

地上の生物にとってのみならずどんな存在にとっても、光が根源的なエネルギーであることは言うまでもない。時空間と光のほかには何が残るのかといえば〝闇や無〟ということになるけれども、人類がこの先〝闇を見つめる〟ことになってしまうことが決してないように、また花の神秘をこの世と私たちのココロから失せさすことがないように祈りたいと思う。本書が、八坂書房 八坂立人社長と同編集部の三宅郁子さんのご理解とご助力があったことにより形を成したことを、感謝の気持ちをそえてここに記します。

二〇〇九年三月

塚本正司

参考文献

・『日本植生誌』　宮脇 昭編　至文堂
・『誰がために花は咲く』　大場秀章　光文社
・『植物の科学』　八田洋章編　ナツメ社
・『これでナットク！　植物の謎』　日本植物生理学会編　講談社
・『植物の魔術』　ジャック・ブロス　田口啓子・長野 督共訳　八坂書房
・『植物の神秘生活』　ピーター・トムプキンズ、クリストファー・バード　新井昭広訳　工作舎
・『花の知恵』　モーリス・メーテルリンク　高尾 歩訳　工作舎
・『植物の私生活』　デービッド・アッテンボロー　門田裕一・小堀民恵・手塚 勲共訳
・『新しい植物生命科学』　大森正之・渡辺雄一郎他　講談社
・『植物の生存戦略』（「植物の軸と情報」）特定領域研究班編　朝日新聞社
・『植物と話がしたい』　神津善行　講談社
・『植物は気づいている』　クリーブ・バックスター　穂積由利子訳　日本教文社
・『ゲーテ全集』（第一六巻、植物の変態）　ヨハン・W・ゲーテ　島地威雄訳　大村書店
・『雑草の成功戦略』　稲垣栄洋　NTT出版

・『植物と人間の比較』　石川光春　春秋社
・『森林・林業百科辞典』　日本林業技術協会編　丸善
・『有用植物』　管洋　法政大学出版局
・『緑環境と植生学』　宮脇昭　NTT出版
・『日本西教史』　ジアン・クラセ　太政官本局翻訳係訳　太陽堂書店
・『料理物語・考』　江原恵　三一書房
・『松屋筆記』　小山田与清　国書刊行会
・『もう牛を食べても安心か』　福岡伸一　文藝春秋
・『人はなぜ花を愛でるのか』日高敏隆・白幡洋三郎共編　八坂書房
・『植物たちの秘密の言葉』　ジャン＝マリー・ペルト　ベカエール直美訳　工作舎
・『知の挑戦』　エドワード・O・ウィルソン　山下篤子訳　角川書店
・『人類のいちばん美しい物語』　アンドレ・ランガネー他　木村恵一訳　筑摩書房
・『テオフラストス植物誌』　大槻真一郎・月川和雄共訳　八坂書房
・『動物誌』　アリストテレス　島崎三郎訳　岩波書店
・『原色牧野日本植物図鑑』　牧野富太郎　北隆館
・『植生地理学』　ヨーゼフ・シュミットヒューゼン　宮脇昭訳　朝倉書店
・『メタセコイア』　斎藤清明　中央公論社
・『欲望の植物誌』　マイケル・ポーラン　西田佐知子訳　八坂書房

・『利己的な遺伝子』　リチャード・ドーキンス　日高敏隆・岸由二・羽田節子・垂水雄二共訳　紀伊国屋書店
・『攻撃 悪の自然誌』　コンラート・ローレンツ　日高敏隆・久保和彦共訳　みすず書房
・『生物から見た世界』　ヤーコプ・F・ユクスキュル、ゲオルク・クリサート　日高敏隆・野田保之共訳　新思索社
・『動物と人間の世界認識』　日高敏隆　筑摩書房
・『種の起源』　チャールズ・ダーウィン　八杉龍一訳　岩波書店
・『ファーブル昆虫記』　ジャン・アンリ・ファーブル　山田吉彦訳　岩波書店
・『生物社会の論理』　今西錦司　思索社
・『ウイルス進化論』　中原英臣・佐川峻　泰流社
・『擬態〜自然も嘘をつく』　W・ヴィックラー　羽田節子訳　平凡社
・『生命の多様性』　エドワード・O・ウィルソン　大貫昌子・牧野俊一共訳　岩波書店
・『植物の育成』　ルーサー・バーバンク　中村為治訳　岩波書店
・『エコロジーの道』　エドワード・ゴールドスミス　大熊昭信訳　法政大学出版局
・『第二の創造』　イアン・ウィルマット他　牧野俊一訳　岩波書店
・『風土』　和辻哲郎　岩波書店
・『森が語るドイツの歴史』　カール・ハーゼル　山縣光晶訳　築地書館
・『生命の宝庫・熱帯雨林』　井上民二　日本放送出版協会
・『ガイア—地球は生きている』　ジェームズ・ラブロック　竹田悦子・松井孝典共訳　産調出版
・『異常気象の正体』　ジョン・D・コックス　東郷えりか訳　河出書房新社

・『限界を超えて』　ドメラ・H・メドウズ他　茅陽一監訳　ダイアモンド社
・『絶滅の生態学』　宮下和喜訳　思索社
・『北の森の一二か月』　ニコライ・スラトコフ　福井研介訳　福音館書店
・『櫻男行状』　笹部新太郎　双流社
・『木の葉の美術館』　群馬直美　世界文化社
・『永遠の人良寛』　北川省一　考古堂書店
・『日本よ、森の環境国家たれ』　安田喜憲　中央公論新社
・『種から山野草を育てる』　石原篤幸　小学館
・『環境と倫理』　加藤尚武編　有斐閣
・『環境倫理と風土』　亀山純生　大月書店
・『環境の哲学』　桑子敏雄　講談社
・『野性のうたが聞こえる』　アルド・レオポルド　新島義昭訳　森林書房

著者紹介

塚本正司（つかもと まさし）

1944年、愛知県生まれ。京都大学工学部卒業。住まいと都市の調査研究、計画的住宅地開発・住環境整備に携わる。そのかたわら樹陰に憩い草花を愛で、野に遊び山に登る。登山回数約600回（410座）、日本百名山も踏破。都市社会と自然環境の関係を中心に執筆。

著書：『京の町家』（共著）鹿島出版会
　　　『私たちは本当に自然が好きか』鹿島出版会

主張する植物

2009年 3月25日　初版第1刷発行

著　者　塚　本　正　司
発行者　八　坂　立　人
印刷・製本　モリモト印刷(株)

発行所　(株)八坂書房
〒101-0064 東京都千代田区猿楽町1-4-11
TEL.03-3293-7975　FAX.03-3293-7977
URL.: http://www.yasakashobo.co.jp

ISBN 978-4-89694-929-2